Professor Habers

STERN ATLAS

Professor Habers

STERN ATLAS

Photographische Karten
des ganzen Himmels

Unter Mitarbeit
von Wolfram Knapp

Kösel-Verlag München

Kösel Sachbuch
Redaktion: Hermann Hemminger

CIP-Kurztitelaufnahme der Deutschen Bibliothek

Haber, Heinz:
[Sternatlas]
Professor Habers Sternatlas: photograph. Kt. d. ganzen Himmels / unter Mitarb. von Wolfram Knapp. –
München : Kösel, 1981.
(Kösel Sachbuch)
ISBN 3-466-11018-1

Photographische Sternkarten (aufgenommen im Zeiss-Planetarium der Stadt Stuttgart): Wolfram Knapp, Stuttgart
Graphiken, Layout und Umschlag: Design Team, München
Reproduktionen: Oestreicher + Wagner, München, und Kösel, Kempten
Satz: Kösel, Kempten
Druck: Sellier, Freising
Bindearbeiten: Grimm + Bleicher, München
Printed in Germany
ISBN 3-466-11018-1

Inhalt

Bestimmt haben viele Sternfreunde festgestellt, daß es eigentlich keine brauchbaren Sternkarten gibt. Besonders als Neuling ist man hilflos. Da gibt es jene kreisförmigen Sternkarten, die wöchentlich oder monatlich in vielen Zeitungen und Zeitschriften abgedruckt werden und den jeweiligen aktuellen Sternenhimmel je nach der Jahreszeit wiedergeben. Solche Sternkarten bestehen aus mehr oder minder großen weißen Punkten, welche die Sterne darstellen sollen. Und dann – was für den Novizen besonders verwirrend ist – befinden sich in diesen Sternkarten noch weiße Linien, welche die einzelnen Sterngruppen zu Sternbildern zusammenfassen. Mit diesen Linien kann man eigentlich nur sehr wenig anfangen, vor allem, weil sie das Muster der Sterne, wie wir es an einem wolkenlosen Himmel sehen, völlig zerreißen.

Diese Art von Sternkarten kann eigentlich nur derjenige lesen, der sich am Sternenhimmel schon gut auskennt. Deswegen braucht der Kenner diese Sternkarten gar nicht, da er sowieso weiß, wo er zu den einzelnen Nachtstunden und in den einzelnen Jahreszeiten seine langjährigen Freunde am Himmel wiederfindet.

Sodann gibt es die sogenannten Sternatlanten. Aber auch diese sind erfahrungsgemäß für jeden, der sich eine Kenntnis des Sternenhimmels aneignen möchte, zu wissenschaftlich und zu unverständlich. Auf der anderen Seite gibt es viele echte Naturfreunde, die den Sternenhimmel kennenlernen wollen, und es gibt auch viele Kinder, denen man gerne eine brauchbare Sternkarte in die Hand geben möchte, mit der sie wirklich von Null anfangen können.

Es waren Überlegungen dieser Art, welche den Verleger und die Autoren veranlaßt haben, hier eine Lösung zu finden. Wir wollten einen Sternatlas machen, der in großflächigen Karten den Sternenhimmel so zeigt, wie man ihn mit dem bloßen Auge in jeder klaren Nacht sieht. Wir wollten einen »photographischen« Sternatlas. Um das in der Natur zu verwirklichen, müßte man ein Jahr lang um die ganze Erde reisen und auch an allen Stellen die gleichen Wetterbedingungen vorfinden. Ein solches Projekt wäre unerhört aufwendig, und aus diesem Grunde ist es bisher auch nicht durchgeführt worden.

Dem Text ist zu entnehmen, wie wir das gemacht haben. Bei der Herstellung der Sternkarten hat mir Herr Wolfram Knapp, Wissenschaftsjournalist und Redakteur der Zeitschrift *Bild der Wissenschaft*, unersetzliche Hilfe geleistet. Bei der Feinarbeit der Karten hat der Graphiker Franz Gregor Vogt, ebenfalls Redaktionsmitglied von *Bild der Wissenschaft*, seine bewährten Talente eingesetzt. Die Reinzeichnungen der Informationskarten wurden vom Design Team in München angefertigt.

Unserem Verleger gebührt Dank, daß er sich zur Veröffentlichung dieses Sternatlanten bereit erklärt hat, wobei es ihm gelungen ist, neuartige drucktechnische Probleme zu lösen.

Hamburg, 1981 Mai 15

Heinz Haber

Sternkarten für Sternfreunde

Nur während der dunklen Nächte in den Bergen oder auf See kann man noch eines der schönsten Naturbilder – den glitzernden Sternenhimmel – ungestört bewundern. Fast überall in unseren Industrieländern verderben uns die Helligkeiten unserer Städte mit ihrer Straßenbeleuchtung und Neonreklame den Genuß eines klaren, dunklen Himmels. Da kann man geradezu von einer »Lichtverschmutzung« reden. Umgekehrt ist das Interesse an der Astronomie steil angestiegen; die Planetarien sind ausverkauft; die Erfolge der Weltraumfahrt taten ein übriges; vor allem unsere Kinder kennen sich im Weltraum besser aus als ihre Eltern je zuvor. Nur die Kenntnis des gestirnten Himmels ist uns abhanden gekommen. Kaum einer hat das Sternbild, in dem er »geboren« ist, je am Himmel gesehen, weil er es nicht finden kann. Es fehlt offenbar an einem Sternenführer, an einem brauchbaren Sternatlas, den man lesen kann wie eine Landkarte. Diesem Mangel galt es abzuhelfen.

Die großen Fortschritte der Photographie haben uns verwöhnt. Farbphotographie und Film, Fernsehen und Tricktechnik geben uns ein Abbild der Wirklichkeit. Auch in der Wissenschaft ist die Photographie zu einem unersetzlichen Werkzeug geworden. Die Biologie und die Medizin konnten ihre riesigen Fortschritte erzielen, weil ihnen die Photographie es ermöglichte, sich von den Strukturen und Vorgängen des Lebens ein »Bild« zu machen. Besonders hat die Erforschung des Weltalls von der Photographie profitiert. Die seit Jahrzehnten in Gebrauch befindlichen großen Fernrohre der Welt sind eigentlich nur Riesenkameras. Ja es ist sogar so, daß diese Riesenfernrohre überhaupt keine Okulare mehr haben, durch die man hindurchgukken kann. In der Abbildungsebene dieser mächtigen Hohlspiegel ist eine photographische Platte montiert, welche mit stundenlangen Belichtungen uns in die fernsten Tiefen des Weltalls blicken läßt. In modernen Büchern über Astronomie gibt es hinreißende Photographien kosmischer Landschaften. Freilich handelt es sich dabei meist um leuchtende Gasnebel und ferne Milchstraßen, dic man mit dem bloßen Auge nicht erkennen kann.

Eine der wichtigsten Aufgaben der Photographie ist es ja, die Umwelt, die Realität, möglichst getreu darzustellen. Warum – so muß man sich fragen – gibt es keine Photographien des gestirnten Himmels, so wie man ihn mit dem bloßen Auge sieht, wenn man in einer klaren, mondlosen Nacht in den Vorgarten tritt? Mit anderen Worten, warum gibt es keine »photographischen« Sternkarten?

Fachastronomen benötigen keinen photographischen Sternatlas; deshalb gibt es noch keinen.

Die Astronomen als Wissenschaftler haben dafür keinen Bedarf. Um sich am Himmel zu orientieren, benutzen sie schon seit mehr als 100 Jahren sehr genaue Sternkarten. Dabei sind sie in der Hauptsache nur an kleinen Ausschnitten des Himmels interessiert, in denen sie einen besonders spannenden Himmelskörper näher untersuchen wollen.

Dabei stellen sie natürlich auch Photographien der Umgebung dieses Himmelskörpers her. So ist im Verlauf der letzten 50 bis 100 Jahre bestimmt schon der ganze Sternenhimmel rund herum photographiert worden. Es wäre freilich eine unlösbare Aufgabe, in den Archiven der Sternwarten der Welt solche Photographien zu sammeln und sie zu einer photographischen Sternkarte des gesamten Himmels zusammenzufügen. Dabei passen die Maßstäbe und Belichtungszeiten überhaupt nicht zusammen, so daß man aus diesen Bildern keine einheitliche photographische Sternkarte machen kann.

Bild 1: »Ich habe gar nicht bemerkt, wie Sie die Kuppel öffneten.« So täuschend ahmt ein Projektions-Planetarium den Sternenhimmel nach, daß der Besucher meinte, er säße im Freien. Eine fast perfekte Illusion liefert das modernste Gerät der Zeiss-Planetarien, das »Modell VI«, wie es zum Beispiel in Stuttgart steht. Es ist gleichzeitig auch eine Zeitmaschine: Alle Himmelsbewegungen lassen sich raffen, man kann an beliebige Stellen der Erde und in beliebige Zeiten reisen, zurück zu den Sterndeutern im alten Babylon oder zu einer Sonnenfinsternis im übernächsten Jahrtausend. Unter diesem künstlichen Sternenhimmel sind unsere Sternkarten entstanden.

Nur der »künstliche« Sternenhimmel eines Planetariums eignet sich für photographische Sternkarten.

Nun bräuchte man zur Herstellung einer photographischen Karte des gesamten Himmels kein Riesenfernrohr. Ein kleineres Gerät, das man praktisch im Handgepäck mitbefördern kann, würde dazu genügen. Allerdings müßte dieser Photograph vom Nordkap bis zur Südspitze von Südamerika reisen, damit er den gesamten Sternenhimmel vor die Kamera bekäme. Diese Extrempunkte in der Geographie unseres Planeten müßte er außerdem noch zu jeder Jahreszeit besuchen; sodann müßte er an jedem Ort entsprechende Wetterbedingungen abwarten und darauf achten, daß ihn der Mond nicht stört. Eine kurze Kalkulation zeigt sofort, daß ein solches Projekt finanziell nicht tragbar ist. Das sind die Gründe, weshalb es bisher noch keine photographischen Sternkarten gibt, die das Bild des Himmels so zeigen, wie das bloße Auge es sieht.

Nun gibt es schon seit mehr als 50 Jahren ein technisches Gerät, mit dem man den Anblick des Sternenhimmels, wie er in einer wolkenfreien Nacht sichtbar ist, verblüffend wirklichkeitsgetreu nachahmen kann. Dieses Instrument nennt man »Projektions-Planetarium« (siehe Bild 1). Dazu benötigt man eine halbkugelige Kuppel mit einem Durchmesser von etwa 20 Metern. Die Innenfläche dieser Kuppel ist lediglich ein riesiger Projektionsschirm. In der Mitte eines solchen Planetariums steht ein mechanisch und optisch sehr raffiniertes Gerät, mit dem sich die 5000 oder noch mehr Sterne, die man mit dem bloßen Auge sehen kann, als kleine leuchtende Punkte an den künstlichen Himmel projizieren lassen. Da die Vorführung in einem Planetarium bei völliger Dunkelheit stattfindet, entsteht eine überwältigende Illusion. Obwohl man sich in einem abgedunkelten Raum befindet, hat man keine Vorstellung mehr, daß die halbkugelige Projektionsfläche bloß knapp zehn Meter entfernt ist. Man glaubt, im Freien zu sein und in die Tiefe des Weltalls zu schauen. In einem solchen Planetarium, das von dem technischen Leiter der Firma Carl Zeiss, Professor Dr. Bauersfeld, in den zwanziger Jahren erfunden worden ist, kann man den Sternenhimmel so überzeugend genießen, als ob man sich bei einer klaren Nacht im Hochgebirge befände.

Diese schöne Erfindung hat uns veranlaßt, einmal einen Satz von Sternkarten zu produzieren, welche die Wirklichkeit des gestirnten Himmels, so wie man sie in einer klaren Nacht mit dem bloßen Auge sehen kann, möglichst getreulich darstellen. Wir sind in das Stuttgarter Planetarium gegangen und haben dort die gesamte Kugel des Fixsternhimmels vom Nordpol bis zum Südpol einfach abphotographiert. So sind unsere Sternkarten entstanden. Insgesamt haben wir auf unseren acht doppelseitigen Sternkarten 72 Einzelbilder vereinigt, wobei wir freilich in zwei Punkten etwas gemogelt haben.

Zunächst einmal ist die Bühne des Fixsternhimmels ja eine Kugel, die sich auf einem ebenen Blatt Papier nicht abbilden läßt. Das ist ein uraltes Problem der Kartographie, mit dem auch die Hersteller von Weltkarten seit langem kämpfen. Die Schwierigkeit liegt darin, daß sich die zweifach gewölbte Oberfläche einer Kugel nicht faltenlos in einer Ebene abwickeln läßt. Bei einem Zylinder und einem Kegel geht das. Die Oberflächen dieser beiden geometrischen Körper brauchen wir nur längs eines Meridians aufzuschneiden, und wir können dann die Oberfläche dieser Körper auf einer Ebene faltenlos abwickeln. Ein Zylinder wird dann zu einem Rechteck; ein Kegel wird dabei zu einem Kreisausschnitt (siehe Bild 2).

Versuchen wir das jetzt mal mit einer Kugel, wie beispielsweise einem dünnen Gummiball. Diesen schneiden wir längs eines Meridians auf, versuchen ihn dann auseinanderzufalten und seine Oberfläche in die Papierebene hineinzuquetschen. Jeder von uns hat bestimmt genug Phantasie, um sich vorzustellen, daß so etwas nicht ohne Falten oder Risse und ohne Dehnungen oder Quetschungen möglich ist.

Ohne Mogelei ging es nicht: Eine Kugelfläche läßt sich nicht auf einem flachen Papier abbilden.

Deswegen haben wir uns bei der Herstellung unserer Sternkarten zu einem Kompromiß entschlossen, wie jeder Kartograph es tun muß. Wir haben die Oberfläche des Gummiballes in 72 kleine Stücke zerlegt, die zwar auch eine doppelte Krümmung aufweisen, sich bei ihrer Kleinheit jedoch in etwa hinquetschen lassen, so daß bei den Überlappungen an den Rändern keine allzu großen Verzerrungen entstanden. Das war eine ziemliche Arbeit, diese geometrische Mogelei in Grenzen zu halten, um die gesamte Kugel des Sternenhimmels in acht ebenen Karten abzubilden. Besonders knifflig war das bei den Pol-Kalotten, wo der Himmel in Polnähe zusammengedrückt wurde, während in 40 Grad Abstand vom Pol verschiedene schwarze Keile eingeschoben sind.

Die zweite Mogelei bestand darin, daß ein Planetarium so gebaut ist, daß für das menschliche Auge ein möglichst natürlicher Eindruck des Sternenhimmels nachgeahmt wird. Diesen künstlichen Sternenhimmel allerdings mußten wir photographieren. Leider ist der photographische Film der Leistung der menschlichen Netzhaut noch weit unterlegen, so daß die Helligkeit der einzelnen Sterne des künstlichen Himmels in der photographischen Wiedergabe nicht ganz dem Eindruck des menschlichen Auges entspricht. An dieser Stelle hat der Pinsel unseres Grafikers nachhelfen müssen. Jedenfalls wollten wir Ihnen Sternkarten anbieten, die Ihnen ohne jegliche Linien und jegliche Buchstabenbezeichnung der Sterne den natürlichen Sternenhimmel so wiedergeben, wie Sie ihn in einer klaren Nacht mit dem bloßen Auge erkennen können.

Das ungestörte Abbild des Sternenhimmels gilt es mit den Informationskarten zu kombinieren.

Freilich wäre Ihnen mit einer Abbildung von regellos verteilten, helleren oder schwächeren Lichtpunkten auf einer schwarzen Fläche ohne jede Orientierungshilfe nicht viel gedient. Aus diesem Grunde haben wir uns entschlossen, Ihnen auf der jeweils folgenden Doppelseite die gleiche Sternkarte noch einmal anzubieten, mit den Hinweisen, um welche Sterne es sich handelt. Auf der photographischen Sternkarte sehen Sie dann den Sternenhimmel abgebildet, so wie Sie ihn mit dem bloßen Auge sehen. Danach sehen Sie noch einmal dieselbe Sternkarte mit den üblichen Bezeichnungen der Sternbilder und der Einzelsterne. Wir sind der guten Hoffnung, daß Sie die Informationen der bezeichneten Sternkarte relativ leicht auf die unbezeichnete Sternkarte übertragen können.

Über dieses Angebot einer neuen Sternkarte haben wir als Verleger und Autor lange nachgedacht, und wir hoffen, daß wir damit dem Novizen und vor allem unseren Kindern den Eingang in das Reich des Sternenhimmels erleichtern können.

Es gehört nicht viel dazu, diese Sternkarten lesen zu lernen. Man muß sich dazu nur mit den Karten ins Freie begeben und den Himmelsrichtungen gegenüber eine bestimmte Position einnehmen. Die Wahl der jeweiligen Sternkarte hängt dabei davon ab, in welchem Monat und zu welcher Nachtzeit man sich am Sternenhimmel

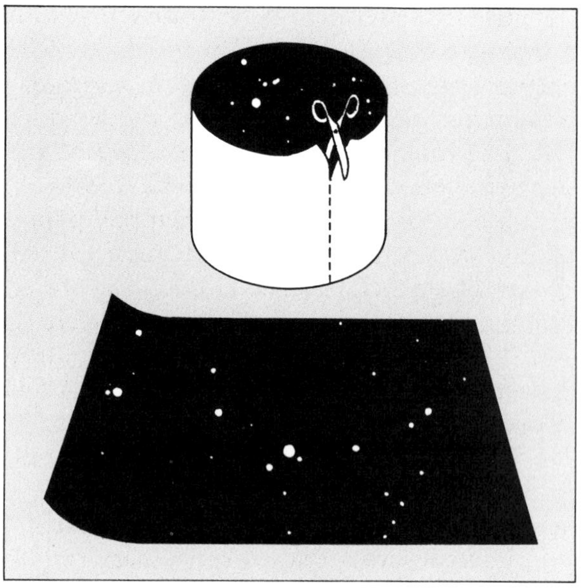

Bild 2: Die Oberfläche einer Kugel läßt sich nie ohne Verzerrungen, Risse oder Falten in eine Ebene quetschen. Das geht aber mit Zylindern und Kegeln. Wir haben deshalb die Himmelskugel ersetzt durch einen Zylinder (oben) um den Äquator und durch Kegel (unten), die als Deckel auf Nord- und Südpol sitzen. Die Kegel haben allerdings nicht nur eine Schnittkante wie in diesem Bild, sondern sehr viele, damit die klaffenden Schnitte sich gleichmäßig zwischen den Sternen verteilen.

orientieren möchte. Jeder Informationskarte – so wollen wir die bezeichneten Sternkarten im Gegensatz zu den unbezeichneten photographischen Sternkarten nennen – ist demnach eine kleine »Benutzertafel« beigefügt. In diesen Tafeln ist angegeben, zu welcher Nachtzeit in den verschiedenen Monaten der Ausschnitt der Sternkarte dem Himmelsanblick entspricht, wenn man nach Süden schaut.

Nehmen wir zum Beispiel die Sternkarte Nummer 3. Um diesen Ausschnitt ins Blickfeld zu bekommen, müssen wir Anfang Januar gegen 22.00 Uhr nach Süden schauen. Dann haben wir in einer Höhe von 30 bis 60 Grad über dem Horizont die Sternbilder Widder, Stier, Orion, Zwillinge, Großer und Kleiner Hund vor uns. Da die Sonne während eines Jahres im Monat um ungefähr zwei Stunden vorrückt, gilt der gleiche Ausschnitt für Dezember mit der gleichen Blickrichtung für 24.00 Uhr und für den Februar um 20.00 Uhr.

Wenn man die Sternkarte benutzt und damit ins Freie tritt, empfiehlt es sich, eine gedämpfte Taschenlampe mitzunehmen, damit man die Sternkarte beleuchten und erkennen kann. Diese freilich darf nicht blenden, weil man sonst bei dem Blick nach oben die Sterne nicht mehr so gut sehen kann. Überhaupt müssen wir lernen, unsere Augen bei der Betrachtung des Sternenhimmels richtig zu benutzen. Die Einzelheiten dieser Fähigkeit, mit unseren Augen den Sternenhimmel richtig zu erkennen, sind eine Erörterung wert.

Die Lichtempfindung unserer Augen liegt in der Netzhaut. Das ist ein feines Häutchen, das den hinteren Teil unseres Auges umgibt. Dort haben wir buchstäblich Millionen von winzigen Zellen, die lichtempfindlich sind. Nur deshalb können wir sehen, weil diese Zellen Lichteindrücke an unser Gehirn und damit an unser Bewußtsein weitergeben. Bei der Struktur unserer Netzhaut hat die Natur eine ganz gerissene Erfindung gemacht. Wir besitzen in unserer Netzhaut nämlich zwei Arten von Zellen, welche uns das »Tagessehen« und das »Nachtsehen« vermitteln. Die Zellen für das Tagessehen nennt man ihrer Form nach Zapfen. Sie können auch Farben unterscheiden, weshalb uns die Umwelt am Tage Farben zeigt. Das Nachtsehen wird vermittelt durch die sogenannten Stäbchen. Diese sind etwa zehntausendmal empfindlicher als die Zapfen, und daher können wir auch in der »Dunkelheit« sehen. Allerdings ohne Farbeindrücke. In der Nacht sind alle Katzen grau.

Bei der Betrachtung des Sternenhimmels, vor allem beim Anschauen der Milchstraße und der ganz schwachen Sterne, benutzen wir die Stäbchen. Diese treten jedoch nur dann in Funktion, wenn wir uns eine Weile in der Dunkelheit aufgehalten haben. Eine jähe Blendung zerstört dann die Anpassung an das Nachtsehen. Deshalb müssen wir uns vor dem Anblick eines Sternenhimmels, den wir genießen wollen, vor Blendungen der Straßenbeleuchtung, der Neonreklame und der Autoscheinwerfer schützen.

Wir müssen bei der Betrachtung des Sternenhimmels die Funktion unseres Auges richtig nutzen.

Nun wollen viele Sternfreunde aber auch ganz schwach leuchtende Sternhaufen und Sternnebel am Himmel sehen. Darunter verstehen wir Gasnebel in unserer Milchstraße, dichtgedrängte Sternhäufchen und auch ferne Galaxien, Geschwister unserer Milchstraße. Diese leuchten so schwach, daß sie mit den Lichtempfängern für das Tagessehen in unserer Netzhaut, den Zapfen, nicht wahrnehmbar sind. Nur unsere viel mehr empfindlichen Lichtempfänger, die Stäbchen, können uns das sichtbar machen.

Nun ist es eine Besonderheit in der Struktur unseres Auges, daß wir diese ganz schwachen Lichteindrücke just dann nicht erkennen, wenn wir sie direkt anblicken. Wir alle kennen ja die Funktion unseres Auges. Die optische Achse unseres Sehor-

Um Delikatessen am Sternenhimmel zu sehen, müssen wir schielen.

gans, längs der wir nämlich etwa beim Lesen sehen, zielt genau auf eine Stelle der Netzhaut, die uns besonders scharf sehen läßt. Dort befindet sich in unserer Netzhaut eine kleine Vertiefung. Man nennt sie die Netzhautgrube oder auch »Fovea«. In dieser Netzhautgrube sind die Zapfen besonders dicht zusammengedrängt, damit wir ein möglichst großes Auflösungsvermögen unserer optischen Bilder haben. Diese Netzhautgrube hat einen Durchmesser von etwa einem halben Millimeter. Die Natur hat es so eingerichtet, daß wir im Zentrum unseres Sehens ganz besonders scharf sehen können. Dort hat sie die Zapfen ganz klein gemacht und zusammengedrängt. So war dort auch kein Platz mehr für Stäbchen, so daß wir just im Zentrum unseres Blickfeldes nachtblind sind. Wenn wir also den Sternenhimmel mustern und nach schwachen Sternhäufchen und Nebeln Ausschau halten, dürfen wir sie nicht direkt anvisieren. Jeder Sternfreund kennt den gerissenen Trick, daß man diese Himmelserscheinungen nicht direkt anschauen darf. Dann nämlich fällt dieses schwache Licht just auf die Netzhautgrube, in der unser Auge für ganz schwache Lichteindrücke blind ist, da sich dort keine Stäbchen befinden. Dann muß man ein wenig schielen, das heißt, ein bißchen danebenschauen, damit diese schwachen Lichteindrücke auf jene Teile der Netzhaut fallen, in denen wir die hochlichtempfindlichen Stäbchen besitzen. Dann plötzlich sieht man diese schwachen Nebel am Himmel. Das freilich muß man üben – es ist aber der Mühe wert.

Nun aber brauchen wir noch Wegweiser in den bedruckten, parallel gestalteten Informationskarten, um zu wissen, wie man die Orte der Sterne am Himmel festlegt. In den Informationskarten 3, 4, 5 und 6 sind dies Netze von senkrechten Linien. Auf den Informationskarten 1 und 2, 7 und 8 sind dies Kreise mit Strahlen von einem Mittelpunkt aus. Um kein Liniengewirr in den Karten zu haben, ist dieses Netz nur an den Rändern markiert. Genauso wie die Geographen einen Ort auf der Erde festlegen mußten, benutzen auch die Astronomen ein Netz von Linien zur Festlegung der Orte ihrer Sterne. Bei einer Kugel gibt es da nur ein System. Freilich muß die Kugel dafür rotieren und zwei Pole haben.

Zur Festlegung des Ortes einer bestimmten Stadt auf der Erdoberfläche haben die Geographen schon seit langem das benutzt, was man ein »sphärisches Koordinatensystem« nennt. Da die Erde sich um ihre eigene Achse dreht, besitzt sie zwei Punkte, die – einander genau gegenüberliegend – in Ruhe sind. Das sind die beiden Pole. Nun kann man die Erde in Gedanken wie eine Apfelsine in Schnitze aufteilen; das heißt, wir teilen sie von Pol zu Pol in Stücke, wobei der Schnitt des Messers durch beide Pole hindurchläuft und die Erdachse von Pol zu Pol als Mitte hat. So etwas kann man beliebig fein machen. Indessen genügt es an dieser Stelle, daß wir 24 solcher Schnitze herstellen, weil die Erde sich nämlich in 24 Stunden einmal um ihre Achse dreht. Die so entstandenen Schnittlinien nennen wir Meridiane, das heißt eigentlich Mittagslinien. Alle Stunde steht da nämlich der nächste Meridian der Sonne genau gegenüber, und wenn wir das 24 Stunden mal am Tage machen, dann können wir wieder von vorne beginnen. Da der Vollwinkel um die ganze Erde 360 Grad beträgt, stehen die Vollmeridiane um jeweils 15 Grad auseinander.

Bei den Meridianen müssen wir uns natürlich darüber einigen, wo der Nullmeridian liegen soll, da alle Meridiane bei diesem Zirkus zunächst gleichwertig sind. Nun haben die Astronomen und Geographen sich schon seit einigen hundert Jahren darüber geeinigt, daß der Nullmeridian jener Kreis sein soll, den wir vom Nordpol bis zum Südpol schlagen und der durch die klassische Sternwarte von Greenwich

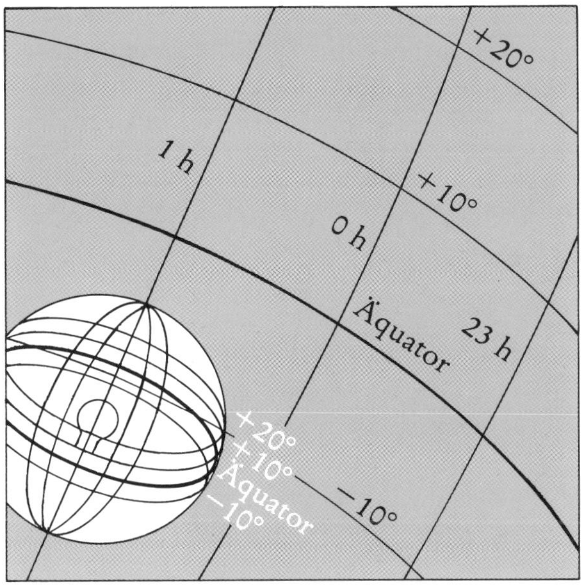

Bild 3: Auf einem gläsernen Globus sollen die Längen- und Breitenkreise aufgezeichnet sein. Dieses Netzwerk läßt sich dann an eine Kuppel projizieren und man erhält so Koordinaten, um Sternörter festzulegen. Die himmlischen Breitenkreise mit Äquator und Polen stimmen mit denen der Erde überein. Da die Erde sich aber dreht, braucht der Himmel für seine »Fix«-Sterne eigene Längenkreise. Man nennt sie Rektaszensionskreise mit einer Einteilung in 24 »Stunden«, gekennzeichnet durch ein jeweils angehängtes »h« vom lateinischen Wort hora, die Stunde.

in der Nähe von London läuft. Dieses System der Abstände der Großmeridiane mit je 15 Grad ist übrigens auch die Grundlage für die Zeitzonen der Weltuhr. Wir in Mitteleuropa wohnen zwischen dem Nullmeridian und dem Großmeridian 15 Grad Ost. In diesem Apfelsinenschnitz rechnen wir nach der Mitteleuropäischen Zeit.

Das sind die Längengrade des sphärischen Koordinatensystems. Die Breitengrade sind viel einfacher zu verstehen. Da haben wir die beiden Pole, welche die geographischen Breiten von + 90 Grad (Nordpol) beziehungsweise − 90 Grad (Südpol) aufweisen. 90 Grad von den Polen entfernt ist der Gürtel der Erde, der Äquator mit einer Breite von 0 Grad.

Geographen und Astronomen benutzen ein Netz von Kreisen, um Punkte zu fixieren.

Dieses System erlaubt es uns, zum Beispiel den Ort der Stadt München (Marienplatz) beliebig genau auf der Erdkugel anzugeben: Östliche Länge von Greenwich 11 Grad, 35 Minuten, nördliche Breite 48 Grad, 9 Minuten. Genau das gleiche System wenden die Astronomen an, um den Ort ihrer Sterne am Himmel zu fixieren.

Um das zu verstehen, wollen wir wieder in ein Planetarium zurückkehren mit seiner halbkugeligen Projektionsfläche. In die Mitte des Planetariums stellen wir jetzt in Gedanken einen gläsernen Globus, auf dem das schöne Muster der Längen- und Breitengrade mit dicker Tusche aufgetragen ist (vergleiche Bild 3). In der Mitte des gläsernen Globus bringen wir eine Lampe an, so daß die Längen- und Breitengrade, die wir auf die Erde gezeichnet haben, als Schattenlinien auf der kugeligen Projektionsfläche erscheinen. Stellen wir diese Erde zunächst mit der Achse senkrecht so auf, daß der Nordpol oben steht. Dort wollen wir uns auch auf der Erde aufstellen. Dann haben wir den Nordpol direkt im Zenit über unseren Köpfen. Die Längengrade laufen dann vom Zenit aus wie die Stangen eines halbkugeligen Korbes nach allen Seiten senkrecht zum Horizont herunter. Der Himmelsäquator fällt dabei rundum auf den Horizont. Wenn sich die Erde dreht, bewegt sich der Sternenhimmel wie ein Karussell mit senkrechter Achse, wobei die Sterne weder auf- noch untergehen.

Jetzt neigen wir unseren gläsernen Globus so weit, daß die Stadt München oben steht. Dort nehmen wir dann Platz. Nun gibt es ja für uns Menschen, wenn wir uns über die Oberfläche unseres Planeten bewegen, den schönen Spruch, der stets richtig ist: »Wo wir sind, da ist immer oben.« Nun freilich hat sich das projizierte Koor-

Wenn wir vom Pol zum Äquator reisen, bringen wir das Himmelskarussell zum Kippen.

dinatensystem unseres gläsernen Globus etwas gekippt, und der Nordpol steht für München 48 Grad vom Zenit verschoben. Der Korb des Koordinatensystems hat sich jetzt etwas verkippt. Der Himmelsäquator ist jetzt ein Halbkreis, der im Osten des Horizontes aufsteigt, in einem elegant geschwungenen Bogen über dem Südpunkt des Horizontes seine höchste Stelle hat und am Westpunkt des Horizontes wieder verschwindet (siehe Bild 4).

Jetzt gehen wir weiter nach Süden und begeben uns zum Äquator. Dann ist für uns auch dort wieder »oben«. Wir stehen jetzt auf der waagerechten Erdachse senkrecht, und die Pole des Himmels liegen am Nordpunkt beziehungsweise am Südpunkt des Horizontes. Der Himmelsäquator ist ein riesiger Kreis, der den Himmel senkrecht umspannt, vom Ostpunkt des Horizontes durch den Zenit bis zum Westpunkt des Horizontes.

Da die Erde sich im Laufe eines Tages einmal um ihre Achse dreht, sitzen wir wie auf einem Karussell. Im Laufe von 24 Stunden werden wir daher kreisförmig vor der Bühne des Himmels herumgefahren. Da wir uns dieser Eigenbewegung der Erde nicht inne sind, haben wir den Eindruck, als ob umgekehrt das Himmelsgewölbe im Laufe von 24 Stunden eine mächtige Kreisbewegung von Osten nach Westen vollführt. Das ist der Grund, weshalb Sonne, Mond und Sterne auf- und untergehen, wobei sie im Verlauf eines halben Tages riesige Kreisbögen am Himmel beschreiben. Nun ist die Erde ja eine Kugel, so daß die Bahnspuren dieser Tagesbewegungen der Gestirne völlig verschieden angeordnet sind – in Abhängigkeit von unserem Standort auf der Erde. Befinden wir uns etwa am Pol, dann haben wir den Polarstern – das Zentrum der himmlischen Drehbewegungen – genau im Zenit. Vom Pol der Erde aus gesehen, gehen daher die Sterne weder auf noch unter, sondern sie beschreiben während 24 Stunden Kreisbahnen, die dem Horizont parallel sind. Begeben wir uns jedoch zum Äquator, dann stehen wir mit den Füßen senkrecht auf der Erdachse. Alle Gestirne gehen daher im Osten senkrecht auf, beschreiben senkrecht stehende Kreisbahnen über das Himmelsgewölbe und gehen im Westen wieder senkrecht unter. Befinden wir uns in München, so haben wir eine Mittelstellung. Die täglichen Bahnen der Gestirne am Himmel sind daher schräge Kreisbahnen von Osten nach Westen, die über dem Südpunkt des Horizontes ihre höchste Stellung erreichen. Diese Bewegungsformen unserer Gestirne am Himmel im Verlauf der Tages- und Nachtstunden sind sehr wichtig für die Kenntnis des Sternenhimmels.

Unsere photographischen Sternkarten enthalten natürlich nicht die Wandelsterne – die Sonne, den Mond und die fünf mit dem bloßen Auge sichtbaren Planeten: Merkur, Venus, Mars, Jupiter und Saturn. Die Orte dieser Wandelsterne haben in einer Sternkarte keinen Platz, da sie ja von Monat zu Monat und Jahr zu Jahr ihren Ort ändern. Wenn man unsere photographischen Sternkarten daher mit dem Anblick des Himmels in Verbindung setzen will, so muß man bis in die ferne Zukunft hinein den Ort der Wandelsterne noch hinzufügen. Das können wir natürlich nicht bündig abbilden. Unsere Sternkarten geben nur die »Fixsterne« wieder, das heißt die festgefügten Sterne, die fernen Schwestern der Sonne, welche auch in Jahrtausenden ihren Standort praktisch nicht verändern. Je nach dem Monat und dem Jahr muß man dann noch den Ort der Wandelsterne hinzufügen. Zur Orientierung muß dann der Sternfreund auch in allen zukünftigen Jahren die in Zeitungen und Zeitschriften erscheinenden Angaben über die jeweilige Stellung der Wandelsterne benutzen. Dort kann er zum Beispiel entnehmen, daß der Jupiter sich »zur Zeit« im Sternbild der Jungfrau aufhält, während der Mars vielleicht im Sternbild

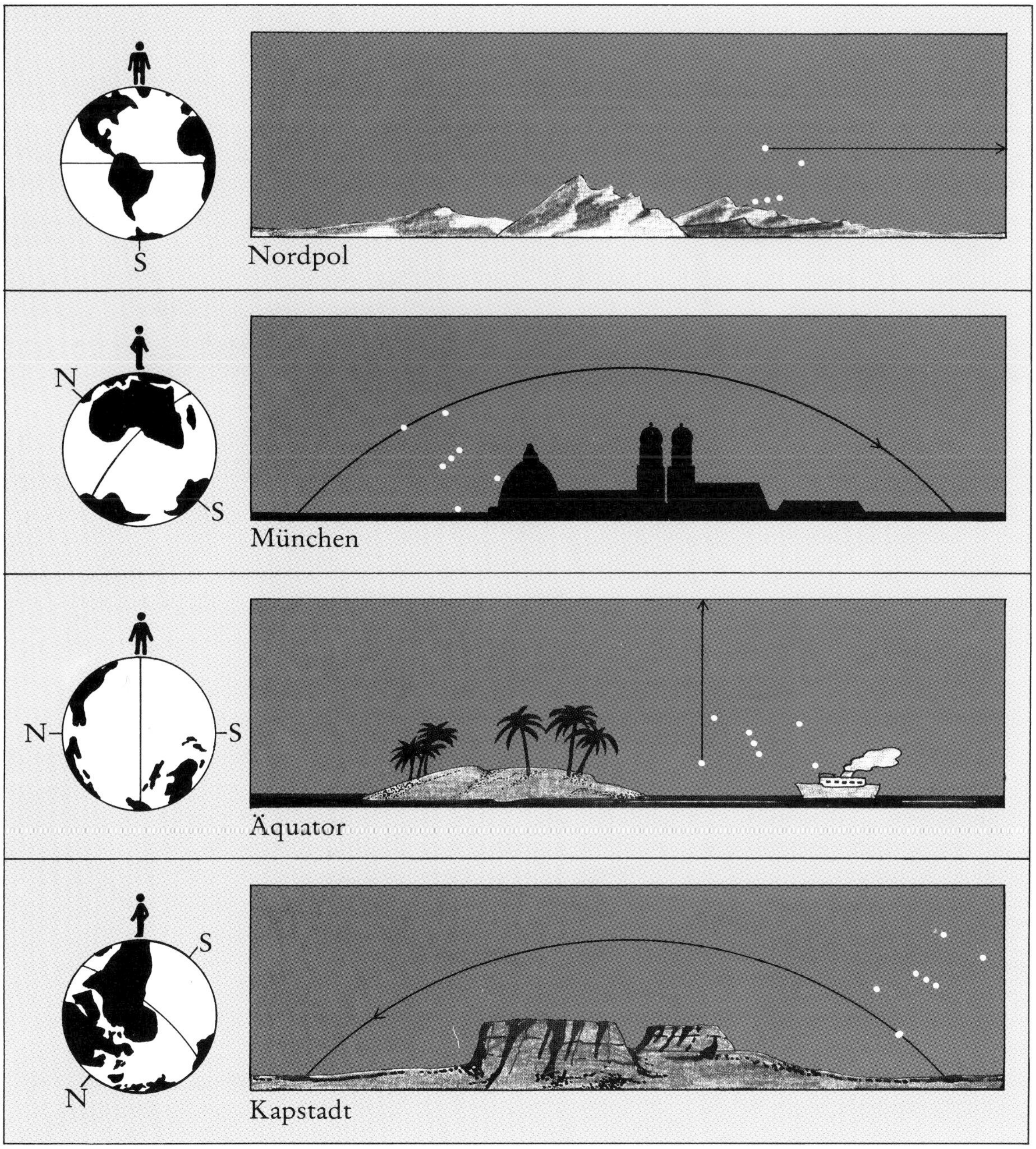

Bild 4: Wie die Sterne sich über den Himmel bewegen, hängt davon ab, an welcher Stelle wir uns auf dem Karussell Erde befinden. Am Nordpol zeichnet jeder Stern einen zum Äquator parallelen Kreis. Der Orion zum Beispiel geht nie auf oder unter, man sieht nur seine obere Hälfte ständig am Horizont entlangwandern. Am Äquator steht man senkrecht auf der Erdachse. Der Orion steigt senkrecht aus dem Meer auf, läuft durch den Zenit und geht im Westen senkrecht unter. Dazwischen, etwa in München, sieht man den Orion in einem großen Schwung von Osten über den Südpunkt nach Westen laufen. Südlich vom Äquator ist alles umgekehrt wie im Norden. Die Sterne laufen »von rechts nach links«, der Orion erreicht seine höchste Stellung im Norden und steht dabei auf dem Kopf.

Die Wandelsterne halten sich streng an die himmlische Verkehrsordnung.

des Widders steht. Da unsere Sternkarten diese Sternbilder ja sehr schön darstellen, macht es bestimmt wenig Mühe, den »ortsfremden« Planeten ausfindig zu machen.

Die Einordnung der Wandelsterne mit ihren sich stets ändernden Positionen wird dadurch sehr erleichtert, daß sie sich alle längs einer Hauptverkehrsstraße aufhalten, welche das ganze Himmelsgewölbe längs eines Bandes umschlingt. Es ist dies der berühmte Tierkreis mit seinen zwölf Sternbildern Widder, Stier, Zwillinge, Krebs, Löwe, Jungfrau, Waage, Skorpion, Schütze, Steinbock, Wassermann und Fische. Dieses Sternenband liegt längs der Projektion der Ebene unseres Sonnensystems, in der sich – mit erstaunlicher Genauigkeit – alle unsere Wandelsterne aufhalten. Von der Erde aus gesehen, kann ein Wandelstern einschließlich Sonne und Mond nur vor dem Hintergrund eines dieser zwölf Sternbilder erscheinen. Es ist also völlig unmöglich, daß der Mond etwa im Sternbild des großen Wagens oder daß der Mars im Sternbild des Kreuz des Südens zu sehen wäre.

Die Mittellinie dieses Sternenbandes bildet die scheinbare jährliche Bahn der Sonne, die sogenannte Ekliptik; da wir ja mit der Erde einmal im Jahr längs ihrer Bahn um die Sonne fahren, dreht sich die Blickrichtung von der Erde zur Sonne einmal im Jahre im Kreise, wobei die Sonne uns dann von Monat zu Monat jeweils fortschreitend in einem bestimmten Sternbild des Tierkreises erscheint. Dieser wichtige Begriff des Tierkreises und der Ekliptik ist für das Verständnis der Bewegungen der Wandelsterne unerläßlich. Siehe hierzu Bild 5. Auf unseren Informationskarten ist die Ekliptik als dünne Linie eingezeichnet. Die Sonne sitzt mit ihrem Mittelpunkt immer auf dieser Linie, während der Mond und die Planeten ein wenig darüber oder darunter stehen können. Die Abweichungen sind jedoch so klein, daß keiner der Wandelsterne jemals die Grenzen des jeweiligen Tierkreissternbildes überschreitet.

Das alles hat uns ein bißchen von dem Thema abgeführt – nämlich von dem Koordinatensystem des Himmels. Auch dort haben wir zwei Pole, wir haben Breitengrade und Längengrade, mit dem Himmelsäquator in der Mitte. Nur haben die Astronomen ihr eigenes Süppchen kochen wollen und haben diesen Breiten- und Längengraden andere Namen gegeben, obwohl die Zählweise dieselbe ist wie in der Geographie. Die Breitengrade am Sternhimmel nennt man »Deklinationsgrade«, mit dem Himmelsäquator als Null und den Polen als 90 Grad N und 90 Grad S. Die Längenkreise am Himmel nennt man »Rektaszensionsgrade«. In der wörtlichen Übersetzung heißt das »Grade des richtigen Aufsteigens«. Je nach dem Längengrad des Himmels ergibt sich nämlich mit der Rotation der Erde jeweils ein bestimmter Zeitpunkt, an dem ein Stern aufgeht. Da sich der Sternenhimmel in 24 Stunden einmal um seine Achse dreht, werden die Längengrade des Himmelskoordinatensystems nicht in Winkelgraden, sondern in Stunden und Minuten angegeben. Bei der Festlegung des Null-Meridians, das heißt Rektaszension Null Uhr, haben sich die Astronomen von den Geographen unabhängig gemacht. Sie haben den Null-Meridian ihres himmlischen Koordinatensystems dorthin verlegt, wo die Sonne zum Zeitpunkt des Frühlingsanfanges am 21. März eines jeden Jahres steht, zugleich damit am Himmelsäquator.

Unsere Informationskarten haben – wie schon gesagt – dieses Koordinatensystem nach Längen- und Breitengraden an den Rändern markiert. Die Breitengrade (nördliche und südliche Deklination) laufen vom Äquator zu den Polen mit Plus oder Minus bis zu 90 Grad. Längengrade (Rektaszension) laufen von Null Uhr bis 24.00 Uhr vom Frühlingspunkt an gemes-

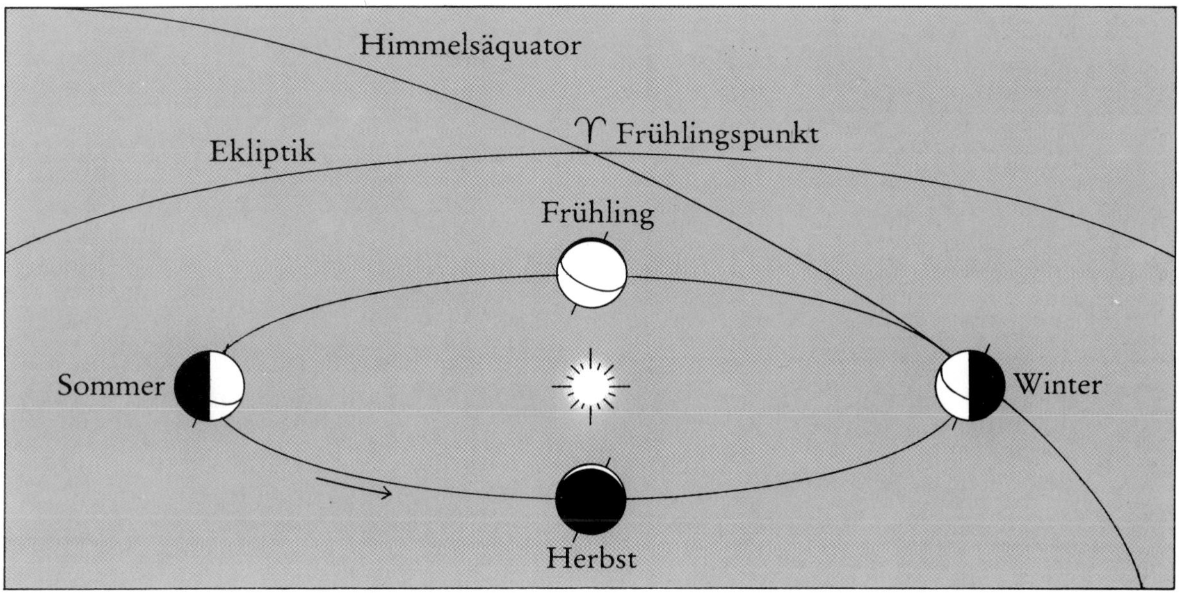

Bild 5: Beim jährlichen Lauf der Erde um die Sonne entstehen – durch die Schrägstellung der Erdachse – die Jahreszeiten, aber auch der wechselnde Anblick des Himmels. Denn nachts schauen wir in den Teil des Weltraums, der der Sonne gegenüberliegt. Die Ebene dieser Jahresbahn ist die Ekliptik-Ebene. Die Verbindungslinie Erde–Sonne zeichnet sie als Linie durch die Sternbilder des Tierkreises.

sen von West nach Ost quer über den Himmel. Genau wie auf der Erde entsprechen dabei 15 Grad einer Stunde.

Dieses System von Längen- und Breitengraden am Himmel haben wir auch benutzt, um den gesamten Sternenhimmel in unserem Atlas auf acht Karten aufzuteilen. Die Karten 1 und 2 zeigen die sogenannte Nordpolar-Kalotte, welche den Nordpol des Himmels in der Mitte des Koordinatensystems hat. Konzentrische Kreise um den Pol sind die Breitenkreise – oder wie es in der Astronomie heißt – die Deklinationskreise. Ihre Lage ist jeweils auf dem senkrechten Meridian markiert. Der Bereich dieser Karten reicht bis 40 Grad nördlicher Deklination. Bei beiden Karten steht der Nordpol des Himmels nicht im Mittelpunkt des Kartenblattes, sondern etwas nach oben verschoben. Um einen möglichst großen Maßstab zu erzielen – genau den gleichen wie auf den Karten 3 bis 6 –, konnte in den beiden Karten nur etwas mehr als die Hälfte der Nordpolar-Kalotte abgebildet werden. Um die Orientierung zu erleichtern, überlappen sich die beiden Karten jedoch um fast die Hälfte.

Die Längen- und Breitenkreise am Himmel liefern das Muster für die Einteilung der Sternkarten.

Das gleiche Prinzip wurde angewandt, um in den Karten 7 und 8 die Südpolar-Kalotte abzubilden.

Der Rest des Sternenhimmels ist in den Karten 3, 4, 5 und 6 abgebildet, die sich als Zylinder zusammenfügen lassen. Diese Sternkarten umfassen die Äquatorzone des Sternenhimmels – rings um den Himmel herum –, und zwar bis 40 Grad nördlich und südlich des Äquators. Bei allen Karten sind zur Orientierung an den Rändern die jeweiligen Grade in Rektaszension und Deklination angemerkt.

Die bezeichneten Informationskarten 3, 4, 5 und 6 zeigen außerdem noch die Ekliptik als eine sinusförmige Linie. Dies ist die scheinbare Sonnenbahn während eines

Jahres, welche durch die zwölf Sternzeichen des Tierkreises führt. Ihren Beginn rechnet man mit dem Frühlingspunkt in dem Sternbilde der Fische mit den Koordinaten Rektaszension 0 Uhr und der Deklination 0 Grad, das heißt auf dem Äquator. Sie steigt dann an (Karte 3) bis zum Punkt der Sommersonnwende, Rektaszension 6 Uhr, Deklination 23,5 Grad in den Zwillingen. Auf Karte 4 senkt sich die Kurve bis zum Herbstpunkt im Sternbilde der Jungfrau, Rektaszension 12 Uhr, Deklination 0 Grad. Auf Karte 5 läuft die Ekliptik in den Südhimmel hinein bis zur Wintersonnwende im Sternbilde des Schützen; Rektaszension 18 Uhr, Deklination −23,5 Grad. Auf Karte 6 schließlich bewegt sich die Sonnenbahn wieder zurück zum Frühlingspunkt im Sternbilde der Fische.

Die modernen Astronomen benutzen heute noch die schönen alten Namen der Sternbilder.

Die Grenzen der Sternbilder hat man früher mit Kreisen und Ovalen mehr oder weniger beliebig gezogen. Das hat den Astronomen der Neuzeit natürlich überhaupt nicht gefallen. Sie wollten jedoch den alten Mythen und Sagen der Sternbilder ihre Reverenz erweisen, und sie haben auch in der modernen wissenschaftlichen Literatur dankenswerterweise die Bezeichnungen für die alten Sternbilder beibehalten. Allerdings hat eine internationale Kommission die Grenzen der Sternbilder festgelegt, wobei man einem Verfahren der Vereinigten Staaten im Westen ihres Landes Folge leistete. Dort hat man sich bemüht, die Grenzen zwischen den Staaten Utah, Colorado, Arizona und Neu-Mexico und auch noch an anderen Stellen den geographischen Längen und Breiten anzupassen. Die heute international vereinbarten Grenzen zwischen den Sternbildern haben daher durchweg eckige Gestalt, da man sie längs der Rektaszensions- und Deklinationskreise anordnen wollte. Deshalb sehen die Grenzlinien zwischen den Sternbildern am Himmel so aus wie die sauberen Grenzlinien der westlichen Staaten der USA.

Auf den Informationskarten sind die einzelnen Sterne der verschiedenen Sternbilder mit griechischen Buchstaben versehen. Diese Bezeichnungsweise geht zurück auf den deutschen Astronomen Bayer, der die schöne Idee hatte, die Sterne innerhalb eines jeden Sternbildes ihrer Helligkeit nach mit den Anfangs- und Fortsetzungsbuchstaben des griechischen Alphabets zu kennzeichnen. Seit jener Zeit wissen wir, wie der Stern β Orionis heißt: das ist Rigel; der hellste Stern im Sternbild des Widders ist α Arietis. Wir sollten froh sein, daß die moderne Astronomie den schönen Sagen und Mythen über den Sternhimmel auch heute noch diese Verbeugung macht.

Die hellsten Sterne sind mit den Symbolen des griechischen Alphabets der Reihe nach angegeben. Dabei sind Meßfehler der Helligkeit der Sterne, die zu Lebenszeit des Astronomen Bayer gemacht worden sind, nicht berücksichtigt. Oft ist der Stern δ heller als der Stern, den Bayer mit β bezeichnet. Es spricht für die Hochachtung der modernen Astronomen, daß sie an den vielfach falsch erkannten Helligkeiten der verschiedenen Sterne innerhalb eines Sternbildes keinen Anstoß genommen haben. Wenn also die Reihenfolge der Sternhelligkeiten nach den neuesten Messungen der heutigen Astronomie dem griechischen Alphabet von Herrn Bayer nicht mehr entspricht, so wollen wir das ohne Groll ertragen. Korrekturen würden wohl nur Verwirrung stiften.

Sodann sind in unseren Sternkarten auch die Wolken der Milchstraße eingezeichnet, die das ganze Himmelsgewölbe umschlingt. Dieses schwach leuchtende Band ist manchmal breiter und manchmal schmäler; auch ist es an einigen Stellen gegabelt. Besonders schön ist das an unserem Sommerhimmel zu sehen (Karte 5 und 6), wo zwischen den Sternbildern Schwan und Skorpion die Milchstraße deutlich geteilt ist.

Nun sind unsere photographischen Sternkarten ja nicht für den Fachastronomen bestimmt. Sie sind für unsere jungen und alten Sternfreunde gedacht. Ganz bewußt haben wir alle diejenigen Himmelserscheinungen weggelassen, die man mit dem bloßen Auge nicht sehen kann. Wir wollten ein Abbild der natürlichen Himmelslandschaft anbieten. Dazu gehören allerdings noch einige besondere Himmelskörper – schwache Sternhäufchen, leuchtende Gasnebel und die hellsten Spiralnebel –, die man als matt leuchtende kleine Flächen auch in der dunklen Nacht am Himmel sehen kann. Da freilich hilft ein Fernglas, das heutzutage fast jeder besitzt. Diese Sternhäufchen und Nebelflecken sind auch in die Karten eingezeichnet. In den Informationskarten sind sie ebenfalls angemerkt und in unserer Tabelle IV aufgelistet.

In den folgenden vier Tabellen haben wir wichtige astronomische Informationen zusammengestellt. Die Tabelle I bringt eine Auflistung zunächst einmal aller Sternbilder, welche heute noch ihren historischen Namen tragen. Diese werden von uns modernen Astronomen noch voll honoriert. Wenn wir eine besonders interessante Erscheinung im Weltall beobachten, dann geben wir immer noch den klassischen Namen des Sternbildes an, in dem wir diese Erscheinung beobachtet haben. Wir modernen Astronomen sprechen daher immer noch vom Haupthaar der Berenike oder von der Andromeda, jener äthiopischen Königstochter.

In den Tabellen II und III bringen wir eine Aufzählung der Namen der einzelnen Sterne. Da es Tausende von Sternen gibt, kennen wir aus den Mythen der Völker von China, Ägypten, Arabien und aus Polynesien zahlreiche Namen. Diese Liste darf natürlich nicht zu lang werden. So haben wir sie einmal aufgeteilt. In der Tabelle II bringen wir die Sterne erster Größe, und zwar 20 von ihnen, die schon seit Tausenden von Jahren auf unsere Erde herabscheinen. Diese haben natürlich eine große Tradition. In der Tabelle III bringen wir Sterne zweiter und dritter Größe, die im Schnitt etwa dreimal oder zehnmal lichtschwächer sind als die Giganten. Auch diese haben mit der Geschichte der Menschheit Namen bekommen mit zum Teil sehr einsichtiger Deutung aus dem arabischen, dem ägyptischen, dem griechischen und dem chinesischen Kulturkreis.

In den Tabellen II und III sind außerdem die sogenannten »Sterngrößen« angegeben. Darunter versteht man die scheinbare Helligkeit der Sterne, so wie sie uns mit dem bloßen Auge am Himmel erscheinen. Schon die Astronomen des Altertums haben dabei eine Größeneinteilung geschaffen, die heute noch benutzt wird. Den hellsten Sternen des Himmels – von denen es außer den Planeten 20 gibt – erkannten sie die Größe 1 zu. Dies sind Sterne erster Größe wie etwa Sirius, Wega und Aldebaran. Zwar noch helle Sterne, dennoch aber eine Stufe schwächer, nannte man Sterne zweiter Größe. Dazu gehören die sieben Sterne des Großen Wagens. So ging es weiter bis zu Sternen sechster Größe. Diese sind so schwach, daß man sie nur bei einem völlig dunklen Himmel in einer klaren Nacht mit dem bloßen Auge gerade noch erkennen kann.

Die Helligkeitsempfindung unseres Auges ist logarithmisch aufgebaut; das wußten schon die Alten.

Ohne es zu wissen, haben die alten Astronomen dabei ein logarithmisches System verwendet, da die Sinnesempfindungen unserer Netzhaut nach diesem System aufgebaut sind. Ein Stern sechster Größe ist daher nicht etwa sechsmal lichtschwächer als ein Stern erster Größe – nein, er ist hundertmal lichtschwächer.

Unter Beibehaltung dieses ehrwürdigen Systems haben die modernen Astronomen die Einteilung der Sternhelligkeiten mathematisch verfeinert (vergleiche Bild 6). Wenn wir von Sterngröße zu Sterngröße herabschreiten, so haben wir eine Helligkeitsabnahme um das etwa Zweieinhalbfa-

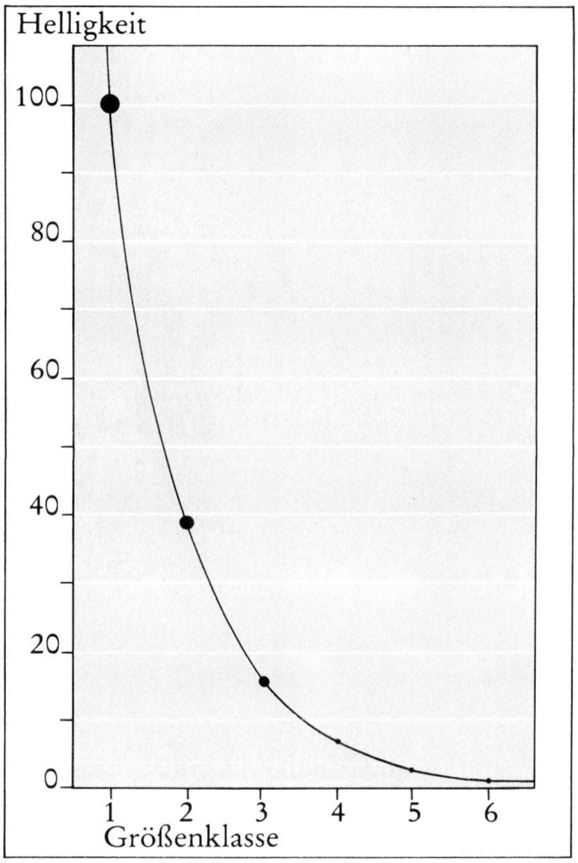

Bild 6: Unser Auge empfindet Helligkeiten »logarithmisch«. Die Sterne am Himmel sieht es entsprechend der althergebrachten Klasseneinteilung als gleichgroße Stufen von Größenklasse 1, den hellsten Sternen, bis Größenklasse 6, den schwächsten. Meßgeräte zeigen jedoch, daß die Differenz in der Helligkeit zweier Nachbarstufen größer ist: Ein nur um eine Klasse hellerer Stern ist nicht doppelt, sondern etwa 2,5mal so hell. Ein Stern 1. Größenklasse ist demnach 100mal heller als ein Stern 6. Größenklasse.

Feldstecher und Kleinbildkamera sind schöne Werkzeuge in der Hand des Sternfreundes.

che. Nun ist der dekadische Logarithmus von 2,5 etwas kleiner als 0,4. Um ihre Rechnungen zu erleichtern, haben die Astronomen das Verhältnis der Sternhelligkeiten der von Sternen benachbarter Größen auf 2,512 erhöht, damit der Logarithmus dieses Helligkeitsunterschiedes die glatte Zahl 0,4 ergibt. Somit entspricht der Helligkeitsunterschied von 5 Größenklassen genau dem Verhältnis 1:100, da $2{,}512^5 = 100$ ist. Da man jetzt viel bequemer rechnen kann, hat man diese klassische Helligkeitsdifferenz von Sternen benachbarter Größe auf diese Zahl gebracht.

Dieses System taugt auch noch, um die Helligkeit von Gestirnen in diesem Maßstab anzugeben, die heller sind als ein Stern erster Größe. Es gibt daher auch Sterne nullter Größe, die dann eben 2,512 mal heller sind als ein Stern erster Größe. Was macht man aber mit Sternen oder Himmelskörpern, die noch heller sind als Sterne nullter Größe? Nun, dann geht man eben zu negativen Werten über. So hat der hellste Stern des Himmels, nämlich der Sirius, die Größe −1,47.

Da diese Skala ja multiplikativ ist, kann man in ihr die Helligkeit von sehr lichtstarken Himmelskörpern mit relativ kleinen Zahlen unterbringen. So beträgt die Größenklasse des Vollmondes −12,6; die Sonne hat die Helligkeitsgröße von −27,01.

Die Absicht bei der Erstellung dieses Kartenwerkes bestand darin, den Sternfreunden und besonders unseren Kindern eine Hilfe zu geben, sich am Sternenhimmel zurechtzufinden und dann auch auszukennen. Es sollten nur solche Sterne, Sternenbilder, Sternhaufen und Nebelflekke abgebildet werden, die man mit dem bloßen Auge sehen kann. Allerdings dürfen wir heute voraussetzen, daß so ziemlich jede Familie einen Feldstecher und eine Kleinbildkamera besitzt. Unser Sternatlas gibt daher Hinweise für eine ergötzliche Nutzung dieser optischen Werkzeuge.

Astrophotographie – das klingt nach Fernrohren und anderen teuren Apparaten. Und dazu klingt es nach einer ganz unphotogenen Tageszeit: Nachts schläft auch die Kamera.

Bild 7: Man braucht keine aufwendige astronomische Ausrüstung, um Sterne zu photographieren. Ein »normaler« Photoapparat reicht schon, allerdings muß er über die Verschlußzeit-Einstellung »B« verfügen. Das Sternbild Zwillinge wurde 10 Sekunden lang belichtet (Blende 2,2; 27 DIN). Die Sterne sind noch Punkte. Das Original-Dia zeigt etwa den Anblick in einer klaren Nacht.

Bild 8: Das Sternbild Orion ist nach einer Minute Belichtungszeit (Photoapparat auf einem festen Stativ) schon leicht verzogen. Auffallend farbig erscheinen die Sterne auf solchen Aufnahmen, da ein Farbfilm – im Gegensatz zu unserem Auge – auch bei schwachem Licht farbtüchtig bleibt. Der Fleck im Schwertgehänge unterhalb der drei Gürtelsterne ist der berühmte Orionnebel.

Das stimmt alles, wenn man an die prachtvollen Aufnahmen in den astronomischen Bilderbüchern denkt, an die schöne Andromeda-Spirale, den geheimnisvollen Sombrero-Nebel oder an die dunkle Wolke mit dem Pferdekopf.

Aber der sternklare Himmel, wie man ihn zum Beispiel im Hochgebirge und an der See im Urlaub findet, ist auch einer ganz normalen Kamera zugänglich. Hier gilt im besonderen: Was man sieht, kann man auch photographieren. Urlaubszeit – Photozeit. Der Sternhimmel gehört auch dazu.

Ganz so einfach wie eine Landschaftsaufnahme tagsüber machen es uns die Sterne allerdings nicht. Sie sind nun einmal so lichtschwach und erfordern deshalb längere Belichtungszeiten. Außerdem halten sie während dieser Zeit nicht still, sie wandern von Ost nach West. Das ist natürlich – ebenso wie der Tageslauf der Sonne – ein Spiegelbild der Achsendrehung der Erde. Größere Fernrohre kompensieren diese Bewegung der Erde durch eine »Gegendrehung«, sie folgen einfach dem Lauf der Sterne.

Viele Sternfreunde haben so ein Fernrohr, mit dem sie Langzeitaufnahmen des Sternhimmels machen können, weil das himmlische Bild auf dem Film stillsteht. Aber das muß nicht sein. Für Aufnahmen, die nur das zeigen sollen, was das Auge am Himmel sieht, reicht ein normales, festes Stativ aus. Es sind nämlich gar nicht so lange Zeiten nötig, um auch die gerade noch sichtbaren Pünktchen auf den Film zu bannen. Mit einer handelsüblichen (nicht

Am Ferienort braucht die Kamera des Nachts nicht zu schlafen – man kann ja Sterne knipsen.

Bild 9: »Und sie bewegt sich doch.« Eindrucksvoll sieht man auf solchen Himmelsaufnahmen mit Strichspuren um den Pol die Drehung unserer Erde: Ihr Spiegelbild am Himmel ist das Kreisen der Sterne. Solche Aufnahmen sind einfach zu machen, Voraussetzung ist eine auf festem Stativ montierte Kamera mit feststellbarem Drahtauslöser – und ein möglichst klarer Himmel ohne Störlicht von Mond und Laternen. Nach solchen Aufnahmen lassen sich auch eigene Sternkarten herstellen, wenn man sie projiziert (das kann auch ein schwarzweißes Negativ sein) und den Anfangspunkt jeder Spur markiert. Auf dieser Aufnahme erkennt man zwischen dem Himmelspol und dem beleuchteten Kärntner Berggasthaus das »W« der Cassiopeia. Aus der Länge der Spuren läßt sich die Belichtungszeit abschätzen. Ein Viertelkreis wären sechs Stunden gewesen.

Binnen Sekunden bekommt man ein schönes Amateurphoto vom Sternenhimmel.

automatischen!) Kamera (Standardobjektiv 50 mm Brennweite und Blende 2,0 etwa) und einem empfindlichen Film (24 oder 27 DIN) reicht eine Belichtungszeit von zehn Sekunden aus. Die Bewegung der Sterne in dieser kurzen Zeit läßt sich spielend verkraften, sie beträgt nämlich nur etwa 0,04 mm auf dem Film, das ist kaum mehr als das kleine runde Abbild der Sterne (vergleiche Bild 7 und 8).

Für diese zehn Sekunden Belichtung muß der Photoapparat natürlich über die Einstellung »B« verfügen, außerdem ist ein Drahtauslöser nötig, um Verwacklungen zu vermeiden. Sterne in der Nähe der Pole darf man auch länger belichten.

Die Aufnahmen werden um so brillanter, je dunkler der Himmelshintergrund ist, das heißt, je klarer die Luft, etwa nach einem Gewitter, je »tiefer« die Nacht und je geringer die Lichtverschmutzung durch Großstadt oder Straßenlaternen.

Bei einem Farbfilm ist auffallend, wie bunt die Sterne sind, wo wir nur weißgelbe Punkte sehen. Für den Farbfilm sind eben nachts nicht »alle Katzen grau«. Er behält – im Gegensatz zu unserm Auge – auch bei schwachen Lichtern seine Farbtüchtigkeit.

Auch der Mond ist natürlich ein begehrtes Objekt für den Photographen, der die Reize der Nacht entdeckt hat. Der Mond ist wesentlich heller als alle Sterne, und das auch noch unterschiedlich, je nachdem wie alt er ist. Die feine Sichel erfordert – bei gleichen Bedingungen wie für die Sterne –, etwa eine Sekunde Belichtungszeit, das erste Viertel dagegen nur noch 1/30 Sekunde. Wer eine Mondscheinlandschaft mit Sichel aufnehmen will, gerät etwas in Schwierigkeit: Die Landschaft brauchte vielleicht eine Minute. Man könnte den Mond eine Zeitlang mit einer Hand abdecken. Einfacher ist jedoch, man wählt einen zusätzlich beleuchteten Vordergrund.

Mit einem Normalobjektiv wird der Mond enttäuschend klein. Nach der Faustformel »Brennweite geteilt durch 100« wird der Mond nur ½ Millimeter groß. Man braucht also ein Teleobjektiv, am besten etwa 200 mm Brennweite. Dann erscheint der Mond über der Landschaft »wie gewohnt«.

Für die Normalkamera gibt es noch eine weitere Möglichkeit am nächtlichen Himmel, und hier kann sie sogar etwas, was die großen Fernrohre nicht können, weil sie zu wenig vom Gesamthimmel sehen. Es ist ganz einfach: Man nehme eine ganz normale Kamera, setze sie so auf ein Stativ, daß der Horizont gerade noch am unteren Bildrand liegt. Mittelempfindlicher Film, Blende ganz auf, Entfernung »unendlich«, mit (feststellbarem) Drahtauslöser öffnen und nach ein oder zwei Stunden wieder schließen. Das Ergebnis ist ein Gewirr von ineinandergeschachtelten Kreisen, die die Sterne gezeichnet haben (siehe Bild 9). In der Mitte aller Kreise stößt die Erdachse durch den Himmel, hier liegt der Himmelspol. Ganz nahe daran ein kurzer dicker Strich: der Polarstern. Eindrucksvoller läßt sich die Drehung unserer Erde im Raum nicht zeigen.

Es war wohl nicht die Aufgabe, mit diesem Sternatlas auch ein umfassendes Nachschlagewerk über die gesamte Astronomie anzubieten. Es gibt zahllose Bücher über populäre Astronomie, in denen man alles Wissenswerte über die Sonne, über die Planeten, über die Fixsterne, über die Milchstraße und über die fernen Galaxien nachlesen kann. Eine Auflistung all dieser Informationen hätte den Rahmen dieses Sternatlanten gesprengt. Es war schon recht mühsam, die Informationen auf jene Bereiche zu beschränken, welche einer sinnvollen Nutzung dieser photographischen Sternkarten dienlich sind.

Ohne Teleobjektiv wird der Mond auf dem Film enttäuschend klein.

Tabelle I: Verzeichnis der Sternbilder

Lateinischer Name	Abkürzung	Deutscher Name	Zu finden auf Sternkarte Nr.
Andromeda	And	Andromeda	1, 2, 3, 6
Antlia	Ant	Luftpumpe	4
Apus	Aps	Paradiesvogel	7, 8
Aquarius	Aqr	Wassermann	3, 6
Aquila	Aql	Adler	5, 6
Ara	Ara	Altar	8
Aries	Ari	Widder	3
Auriga	Aur	Fuhrmann	1, 3, 4
Bootes	Boo	Bärenhüter	2, 5
Caelum	Cae	Grabstichel	3, 7
Camelopardalis	Cam	Giraffe	1, 2
Cancer	Cnr	Krebs	4
Canes Venatici	CVn	Jagdhunde	1, 2, 4, 5
Canis Maior	CMa	Großer Hund	3, 4
Canis Minor	CMi	Kleiner Hund	4
Capricornus	Cap	Steinbock	6
Carina	Car	Kiel des Schiffes	7, 8
Cassiopeia	Cas	Cassiopeia	1, 2
Centaurus	Cen	Centaur	4, 5, 7, 8
Cepheus	Cep	Cepheus	1, 2
Cetus	Cet	Walfisch	3, 6
Chamaeleon	Cha	Chamäleon	7, 8
Circinus	Cir	Zirkel	7, 8
Columba	Col	Taube	3, 4
Coma Berenices	Com	Haupthaar der Berenike	4, 5
Corona Australis	CrA	Südliche Krone	8
Corona Borealis	CrB	Nördliche Krone	5
Corvus	Crv	Rabe	4, 5
Crater	Crt	Becher	4, 5
Crux	Cru	Kreuz des Südens	7, 8
Cygnus	Cyg	Schwan	2, 6
Delphinus	Del	Delphin	6
Dorado	Dor	Goldfisch	7, 8
Draco	Dra	Drache	1, 2
Equuleus	Equ	Füllen	6
Eridanus	Eri	Fluß Eridanus	3, 7, 8
Fornax	For	Chemischer Ofen	3
Gemini	Gem	Zwillinge	3, 4
Grus	Gru	Kranich	7, 8

Lateinischer Name	Abkürzung	Deutscher Name	Zu finden auf Sternkarte Nr.
Hercules	Her	Herkules	2, 5, 6
Horologium	Hor	Pendeluhr	7, 8
Hydra	Hya	Wasserschlange	4, 5
Indus	Ind	Inder	7, 8
Lacerta	Lac	Eidechse	1, 2, 6
Leo	Leo	Löwe	4, 5
Leo Minor	LMi	Kleiner Löwe	4
Lepus	Lep	Hase	3, 4
Libra	Lib	Waage	5
Lupus	Lup	Wolf	5, 8
Lynx	Lyn	Luchs	1, 4
Lyra	Lyr	Leier	5, 6
Mensa	Men	Tafelberg	7, 8
Microscopium	Mic	Mikroskop	6, 8
Monoceros	Mon	Einhorn	3, 4
Musca	Mus	Fliege	7, 8
Norma	Nor	Winkelmaß	8
Octans	Oct	Oktant	7, 8
Ophiuchus	Oph	Schlangenträger	5, 6
Orion	Ori	Orion	3, 4
Pavo	Pav	Pfau	7, 8
Pegasus	Peg	Pegasus	3, 6
Perseus	Per	Perseus	1, 3
Phoenix	Phe	Phönix	7, 8
Pictor	Pic	Malerstaffelei	7
Pisces	Psc	Fische	3, 6
Piscis Austrinus	PsA	Südlicher Fisch	6
Puppis	Pup	Schiff	4, 7
Pyxis	Pyx	Schiffskompaß	4
Reticulum	Ret	Netz	7, 8
Sagitta	Sge	Pfeil	6
Sagittarius	Sgr	Schütze	5, 6
Scorpius	Sco	Skorpion	5
Sculptor	Scl	Bildhauer	3, 6
Scutum	Sct	Schild	5, 6
Serpens (Caput)	Ser	(Kopf der) Schlange	5
Serpens (Cauda)	Ser	(Schwanz der) Schlange	5, 6
Sextans	Sex	Sextant	4

Lateinischer Name	Abkürzung	Deutscher Name	Zu finden auf Sternkarte Nr.
Taurus	Tau	Stier	3, 4
Telescopium	Tel	Fernrohr	8
Triangulum	Tri	Dreieck	3
Triangulum Austral.	TrA	Südliches Dreieck	7, 8
Tucana	Tuc	Tukan	7, 8
Ursa Maior	UMa	Großer Bär	1, 2, 5
Ursa Minor	UMi	Kleiner Bär	1, 2
Vela	Vel	Segel des Schiffes	7, 8
Virgo	Vir	Jungfrau	4, 5
Volans	Vol	Fliegender Fisch	7, 8
Vulpecula	Vul	Füchschen	6

Diese Tabelle wurde entnommen aus: *Meyers Handbuch über das Weltall.* Mannheim 1960. S. 136–138.

Tabelle II: Die 20 hellsten Sterne des Himmels

Nr.	Name	Größe	Sternbild	Bedeutung des Namens
1.	Sirius	–1,47	α im Großen Hund	Von seirios, der Strahlende. Gr.
2.	Canopus	–0,73	α im Schiff Argo	Von kanobos, das Ruder. Gr.
3.	Toliman	–0,04	α im Centaur	Herkunft unbekannt
4.	Wega	0,04	α in der Leier	Von Waki, der Steinadler. Ar.
5.	Arktur	0,06	α im Bootes	Von arkturos, der Bärentreiber. Gr.
6.	Rigel	0,08	β im Orion	Der Fuß. Ar.
7.	Capella	0,09	α im Fuhrmann	Die Ziegenmutter. Lat.
8.	Prokyon	0,34	α im Kleinen Hund	Der vordere, der Kleine Hund. Gr.
9.	Achernar	0,47	α im Fluß Eridanus	Das Ende des Flusses. Ar.
10.	Hadar	0,59	β im Centaur	Grund, Boden, Horizont. Ar.
11.	Atair	0,77	α im Adler	Adler (auch Altair). Ar.
12.	Beteigeuze	0,80	α im Orion	Achsel, Schulter des Riesen. Ar.
13.	Aldebaran	0,86	α im Stier	Der Nachfolger. Ar.
14.	Spica	0,96	α in der Jungfrau	Die Ähre. Lat.
15.	Antares	1,08	α im Skorpion	Der Gegen-Mars. Lat.
16.	Pollux	1,15	β in den Zwillingen	Einer der Zwillingsbrüder. Lat.
17.	Fomalhaut	1,16	α im Südlichen Fisch	Das Maul des Fisches. Ar.
18.	Acrux	1,24	α im Kreuz des Südens	Der erste Stern des Kreuzes. Lat.
19.	Deneb	1,26	α im Schwan	Der Schwanz. Ar.
20.	Regulus	1,33	α im Löwen	Der Königliche. Lat.

Gr. = griechisch. Ar. = arabisch. Lat. = lateinisch.

Tabelle III: Sterne zweiter und dritter Größe, welche die Umrisse bekannter Sternbilder kennzeichnen

Name	Sternbild	Größe	Bedeutung des Namens
Sirrah	α in der Andromeda	2,02	Nabel des Pferdes (da auch dem Pegasus zugerechnet). Ar.
Mirach	β in der Andromeda	2,03	Gürtel, Lendentuch. Ar.
Alamac	γ in der Andromeda	2,28	Kleines Raubtier, Dachs. Ar.
Schedir	α in der Cassiopeia	2,24	Brust. Ar.
Caph	β in der Cassiopeia	2,25	Arabische Bezeichnung für das ganze Sternbild
Tsi	γ in der Cassiopeia	2,65	Die Peitsche. Chin.[6]
Ruchbar	δ in der Cassiopeia	2,68	Das Knie. Ar.
Ruchbar	ε in der Cassiopeia	3,38	Das Knie; gleichnamig mit dem Ar.
Alderamin	α im Cepheus	2,41	Der rechte Arm. Ar.
Thuban	α im Drachen	3,60	Der Drache. Ar. (Früher Polarstern, 2000 v. Chr.)
Ras al Muthallath	α im Südlichen Dreieck	1,91	Die Spitze des Dreiecks. Ar.
Menkalinam	β im Fuhrmann	1,90	Die Schulter des Zügelhalters. Ar.
Alkabdhilinan	γ im Fuhrmann	2,10	Die Ferse des Zügelhalters. Ar.
Dubhe	α im Großen Bären	1,79	Der Rücken des Großen Bären. Ar.
Merak	β im Großen Bären	2,36	Die Lende des Großen Bären. Ar.
Phekda	γ im Großen Bären	2,44	Der Schenkel des Großen Bären. Ar.
Megrez	γ im Großen Bären	3,31	Die Schwanzwurzel. Ar.
Alioth	ε im Großen Bären	1,76	Der fette Teil des Schwanzes. Ar.
Mizar	ζ im Großen Bären	2,40	Gürtel. Ar.
Benetnasch	η im Großen Bären	1,86	Der Statthalter. Ar.
Alkor	g im Großen Bären	5,3	Das Reiterlein (über Mizar: der »Augenprüfer«)
Murzim	β im Großen Hund	1,98	Der Ankündiger, der Bote. Ar.
Wezen	δ im Großen Hund	1,84	Der Schwere. Ar.
Adara	ε im Großen Hund	1,50	Die Jungfrauen (aus der arabischen Sage *Suhail*)
Ras Algethi	α im Herkules	3,10	Der Kopf des Knienden. Ar.
Kornephoros	β im Herkules	2,80	Ausdruck für die ganze Figur. Gr.
Polaris	α im Kleinen Bären	2,20	Polarstern. Lat.
Kochab	β im Kleinen Bären	2,08	Polarstern. Ar.

Name	Sternbild	Größe	Bedeutung des Namens
Gomeisa	β im Kleinen Hund	3,50	Steht für den Sternbildnamen, da er zuerst aufgeht. Ar.
Alnair	α im Kranich	1,73	Der Helle. Ar.
Aldhanab	γ im Kranich	2,24	Der Schwanz des Tieres. Ar.
Denebola	β im Löwen	2,14	Die Schwanzquaste des Löwen. Ar.
Algieba	γ im Löwen	2,61	Die Mähne des Löwen. Ar.
Zosma	δ im Löwen	2,55	Die Hüfte des Löwen. Ar.
Gemma	α in der Nördlichen Krone	2,23	Die Knospe eines Diadems. Lat.
Bellatrix	γ im Orion	1,64	Die Kriegerin. Lat.
Mintaka	δ im Orion	2,20	Das obere Ende des Gürtels. Ar.
Alnilam	ε im Orion	1,70	Die Perlenschnur. Ar.
Alnitak	ζ im Orion	2,05	Das untere Ende des Gürtels. Ar.
Saiph	ϰ im Orion	2,04	Das Schwert. Ar.
Al Taj	o^1, o^2; π^1–π^6 im Orion	4–5	Die Tiara. Pers. (Gr. Das Fell des Löwen als Schild)
Markab	α im Pegasus	2,49	Der Sattel. Ar.
Scheat	β im Pegasus	2,56	Der obere Teil des Armes. Ar.
Algenib	γ im Pegasus	2,83	Der Flügel. Ar.
Marfak	α im Perseus	1,79	Der Ellenbogen. Ar.
Algol	β im Perseus	2,20	Der Dämon. Ar. (Wegen seines Lichtwechsels, im Altertum bekannt)
Joo Tseo	α im Pfau	1,93	Steht für das ganze Sternbild: Pfau. Chin.
Alchiba	α im Raben	4,30	Steht für das ganze Sternbild: Wüstenrabe. Ar.
Gienah	γ im Raben	2,30	Der rechte Flügel des Raben. Ar.
Algorab	δ im Raben	3,10	Ein anderes arabisches Wort für Rabe
Miaplacides	β im Schiff Argo	1,67	von ar. »Miyah«, die Gewässer
Almuhlif	γ im Schiff Argo	1,82	Der Eid des Suhail (Gestalt eines arabischen Märchens)
Koo	δ im Schiff Argo	1,95	Der Pfeil. Chin.
She	ε im Schiff Argo	1,85	Der Bogen. Chin.

Name	Sternbild	Größe	Bedeutung des Namens
Unuk	α in der Schlange	2,65	Der Schlangenhals. Ar.
Ras Alhague	α im Schlangenträger	2,08	Der Kopf des Schlangenbeschwörers. Ar.
Chaleb	β im Schlangenträger	3,30	Das Herz des Schlangenbeschwörers. Ar.
Rukbat	α im Schützen	4,00	Das Knie des Schützen
Al Naal	γ im Schützen	3,10	Die Pfeilspitze. Ar.
Kaus Media	δ im Schützen	3,00	Die Mitte des Bogens. Ar. und Lat.
Kaus Australis	ε im Schützen	2,00	Der südliche Teil des Bogens. Ar. und Lat.
Nunki	σ im Schützen	2,10	Das Meer (von der Euphratischen Tafel der 30 Sterne)
Albireo	β im Schwan	3,24	Der Schnabel des Schwanes. Ar.
Sadr	γ im Schwan	2,24	Das Brustbein des Schwanes. Ar.
Akrab	β im Skorpion	2,28	Krebs oder Skorpion, generell Zangentier. Ar.
Dschubba	δ im Skorpion	2,32	Der Vorderkopf. Ar.
Wei	ε im Skorpion	2,28	Der Schwanz. Chin.
Shaula	λ im Skorpion	1,70	Der Stachel. Ar.
Elnath	β im Stier	1,65	Das stoßende Horn. Ar.
Zuben el Genubi	α in der Waage	2,75	Die südliche Schere des Skorpions. Ar.
Zuben el Schemali	β in der Waage	2,61	Die nördliche Schere des Skorpions. Ar.
Menkar	α im Walfisch	2,52	Die Nase. Ar.
Deneb Kaitos	β im Walfisch	2,04	Der Schwanz des Walfischs. Ar.
Baten Kaitos	ζ im Walfisch	3,90	Der Bauch des Walfischs. Ar.
Mira	o im Walfisch	max. 1,70	Die Wunderbare. Lat. (Wegen ihres starken Lichtwechsels)
Alphard	α in der Wasserschlange	1,99	Der Einzelstehende. Ar.

Name	Sternbild	Größe	Bedeutung des Namens
Hamal	α im Widder	2,00	Widder. Ar. (Steht für das ganze Sternbild)
Sharatan	β im Widder	2,65	Ein Zeichen, Mahnmal. Ar.
Mesarthim	γ im Widder	3,00	Beamter, Minister. Hebr.
Koo Low	γ im Centaur	2,16	Das Arsenal. Chin.
Haratan	ϑ im Centaur	2,05	Die Lende des Löwen. Ar. (Alte Deutung des Centaur als Löwe)
Castor	α in den Zwillingen	1,99	Einer der Zwillinge. Lat.
Almisan	γ in den Zwillingen	1,93	Der stolze Marschierer. Ar.

Das Siebengestirn oder die Plejaden sind die Töchter des Atlas und der Pleione. Sie sind Sterne von 3. bis 6. Größe, fallen aber sehr auf, da sie dicht gedrängt stehen. Innerhalb des Sternbildes Stier werden sie als das Nackenhaar des Stieres gedeutet. Ihrer Helligkeit nach geordnet tragen sie folgende Namen und Bezeichnungen in Sternatlanten:

Name	Größe	Bezeichnung
Alcyone	2,86	η
Maja	4,0	20
Electra	4,6	17
Merope	5,0	23
Taygete	5,1	19
Celeano	6,5	16
Asterope (Doppel)	6,5 und 7,0	21 und 22

Chin. = chinesisch. Hebr. = hebräisch.

Die Hyaden im Stier bilden ein V-förmiges Sterngrüppchen, die das Gesicht des Stieres bilden; Aldebaran ist das blutunterlaufene Auge. Die Hyaden sind die Schwestern der Plejaden; sie sind regenbringende Nymphen. Folgende Hyadensterne tragen eigene Namen:

Name	Größe	Bezeichnung und Bedeutung
Hyadum I	4,2	γ Der erste der Hyadensterne
Hyadum II	4,2	δ Der zweite der Hyadensterne
Ain	3,6	ε Das Auge. Ar.
Tien Kwan	3,5	ϑ Das himmlische Tor. Chin.

Tabelle IV: Objekte für den Feldstecher

Objekt	Sternkarte Nr.	Beschreibung
Offene Sternhaufen:		
h und χ im Perseus	1, 2	Dieser Doppelsternhaufen ist mit bloßem Auge als längliches Nebelfleckchen zu sehen. Man findet ihn leicht, wenn man den ersten Aufstrich des »W« der Cassiopeia zweimal nach links unten verlängert. Prachtvoller Anblick im Feldstecher.
Plejaden im Stier	3	Der auch als »Siebengestirn« bekannte, mit bloßem Auge leicht erkennbare Sternhaufen bietet sich im Feldstecher als faszinierendes Sternengefunkel (nähere Beschreibung dieses Sternhaufens auf Seite 32).
Hyaden im Stier	3	Diese etwa 150 Sterne sind locker über ein größeres Areal verteilt (nähere Beschreibung ebenfalls auf Seite 32).
M 35 in den Zwillingen	3, 4	Mit dem Feldstecher findet man leicht diesen vielleicht schönsten Sternhaufen des Nordhimmels. Mit bloßem Auge ist er soeben erkennbar.
M 44 »Krippe« im Krebs	4	Ein heller und eindrucksvoller Sternhaufen, auch mit bloßem Auge deutlich erkennbar. Hier stehen über 500 Einzelsterne in einem Raumbereich von 13 Lichtjahren Durchmesser beieinander.
NGC 2422 im Schiff	4	Etwa 50 Sterne in einem gedrängten Haufen, der nur im Feldstecher sichtbar ist.
M 7 im Skorpion	5, 6	Dieser Sternhaufen steht sehr weit südlich, ist aber im Feldstecher, Ende Juni um Mitternacht, leicht aufzufinden.
Kugelsternhaufen:		
M 13 im Herkules	5	Der von vielen Photos her bekannte Kugelsternhaufen zeigt im Feldstecher ein nebliges Scheibchen. Hier stehen etwa eine Million Sterne dicht zusammengedrängt. Kugelsternhaufen – am Rande der Milchstraße – sind die ältesten Objekte im Weltall.

Objekt	Sternkarte Nr.	Beschreibung
Spiralnebel:		
M 31 in der Andromeda	1, 2	Der bekannteste aller Spiralnebel ist in klaren Nächten schon mit bloßem Auge sichtbar. Im Feldstecher sieht man ein längliches Nebelscheibchen.
Gasnebel:		
M 42 Großer Orionnebel im Orion	3, 4	Unterhalb der drei Gürtelsterne sieht man deutlich das Nebelfleckchen. Im Feldstecher ist auch die halbkreisförmige Struktur des Gasnebels zu erkennen.

In jeder der Informationskarten 3, 4, 5 und 6 sind einige Uhrzeiten für verschiedene Monate angegeben. Zu diesen Zeiten befindet sich die Mitte der entsprechenden Karte genau über dem Südpunkt des Horizonts (die Zeiten sind in Mitteleuropäischer Zeit, MEZ, angegeben; bei Sommerzeit ist also jeweils eine Stunde abzuziehen). Aus den Zeiten kann man ablesen, daß sich der Sternhimmel pro Monat um zwei Stunden »nach rechts« verschiebt. Damit hat man auch gleich einen Hinweis, wo der abgebildete Ausschnitt zu anderen Zeiten als den angegebenen zu finden ist. Ein Beispiel: Für den Frühlingshimmel gilt auch »1. Februar 2 Uhr«. Natürlich möchte man am 1. Februar sich nicht erst in später Nacht am Himmel zurechtfinden. Für Zeiten vor 2 Uhr nachts müssen wir die Karte entsprechend weit zurückschieben, nach links, pro Stunde um eine der am unteren und oberen Rand angegebenen (Rektaszensions-)Stunden. Um 2 Uhr nachts steht die Kartenmitte (9 h) im Süden, um 1 Uhr die Rektaszension 8 h, um 24 Uhr 7 h, um 23 Uhr 6 h. Damit sind wir schon im Bereich der Sternkarte vom Winterhimmel. Am 1. Februar sehen wir diesen Bereich um 23 Uhr rechts vom Südpunkt. Die Koordinatenangabe 6 h im linken Bereich der Winterkarte steht im Süden.

Während die Sterne der Karten 3 bis 6 auf- und untergehen, stehen die Sterne der nördlichen Polar-Kalotte (Informationskarten 1 und 2) immer über dem Horizont. Sie kreisen um den Nordpol. Die Aufteilung in zwei Karten erfolgte zwar aus platztechnischen Gründen, es ergab sich daraus aber auch eine Aufteilung, die dem Anblick in zwei Jahreshälften entspricht. Bei Karte 1 liegt die Rektaszension 6 h »unter« dem Himmelspol. Gegenüber, also im Südpunkt des Horizonts, liegt die Rektaszension 18 h. Dieser Fall tritt gerade am 1. August um 23 Uhr ein. Für die Karte 2 gilt dasselbe ein halbes Jahr später.

In den Informationskarten entsprechen die Kreise nur sehr grob den Sterngrößen. Wir haben uns auf drei Größen beschränkt:

● Sterne 1. Größe
• Sterne 2. Größe
· Sterne 3. Größe und kleiner

Die Verbindungslinien geben die üblichen Darstellungen der Sternbilder wieder. Wie man die Sterne verbindet, darüber gibt es keine bindenden Abmachungen. Das ist mehr Geschmackssache. Bei einigen sehr schwachen Sternbildern sind nur der Name und einige Einzelsterne angegeben. Auch mit viel Phantasie ist hier kein entsprechendes Abbild in den paar ärmlichen Pünktchen zu erkennen. Deshalb sind die Verbindungslinien hier fortgelassen.

Für Sternhaufen und Nebel haben wir folgende Symbole gewählt:

offener Sternhaufen
Kugelsternhaufen
Gasnebel
Spiralnebel

Sehr viele Sterne, besonders die helleren, sind mit den Buchstaben des griechischen Alphabets bezeichnet:

α Alpha	η Eta	ν Nü	τ Tau
β Beta	ϑ Theta	ξ Xi	υ Ypsilon
γ Gamma	ι Jota	ο Omikron	φ Phi
δ Delta	ϰ Kappa	π Pi	χ Chi
ε Epsilon	λ Lambda	ϱ Rho	ψ Psi
ζ Zeta	μ Mü	σ Sigma	ω Omega

Viele Sterne sind auch nach Flamsteed mit Zahlen gekennzeichnet. Darüber hinaus tragen einige Sterne, zum Beispiel die im Sternbild Giraffe in der Nähe des Nordpols, die Hevelschen Zahlen, wobei hinter der Ziffer der Buchstabe H steht. Nebel und Sternhaufen sind entweder nach der Messier-Liste (M) numeriert oder nach dem New General Catalogue (NGC). So ist zum Beispiel der Große Orionnebel in Messiers Liste als M 42 aufgeführt und trägt im New General Catalogue die Nummer NGC 1976.

Es gehört nur ein wenig Geduld und Übung dazu, mit den Kartenpaaren umzugehen; dann sind sie so leicht lesbar wie eine Landkarte.

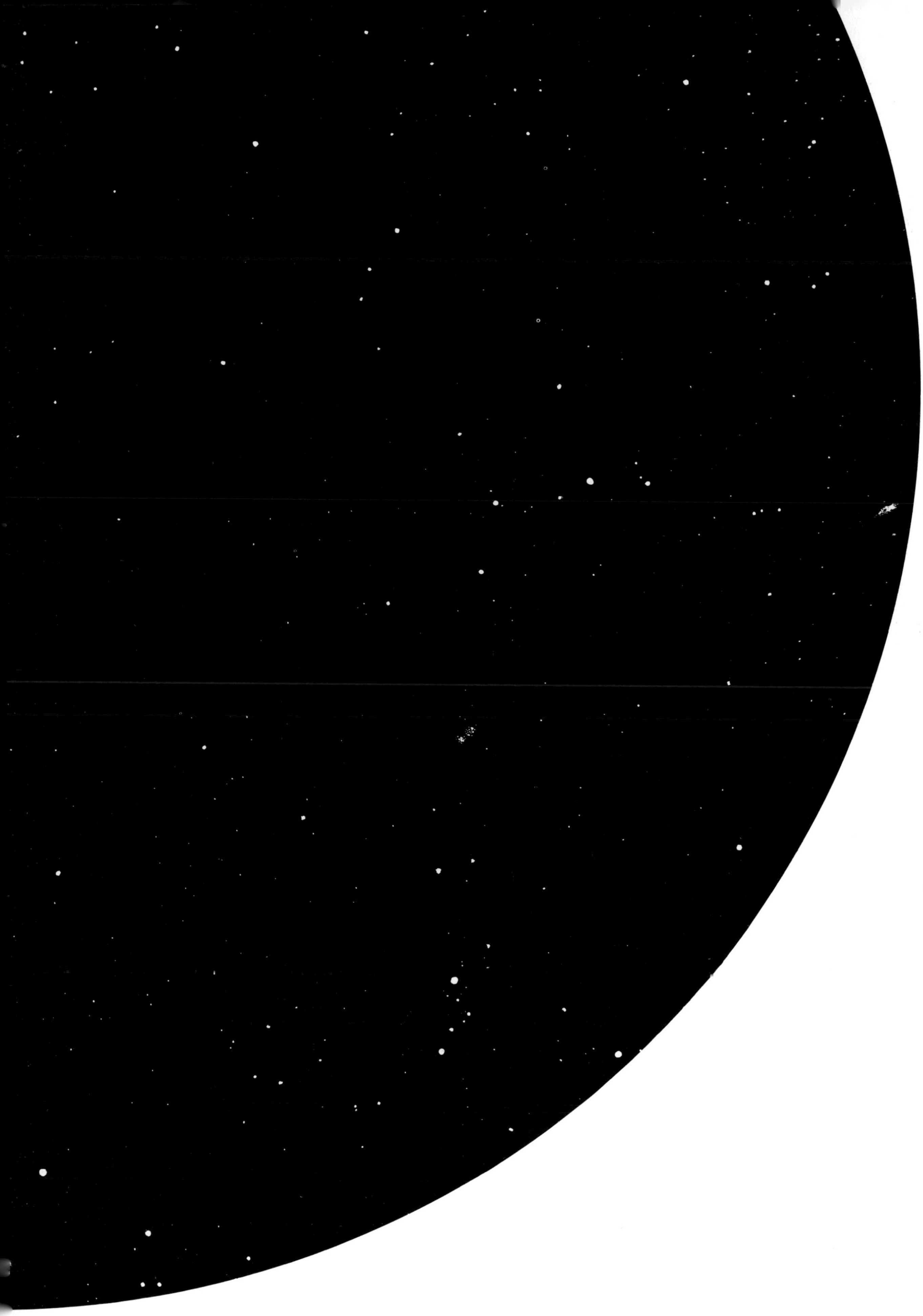

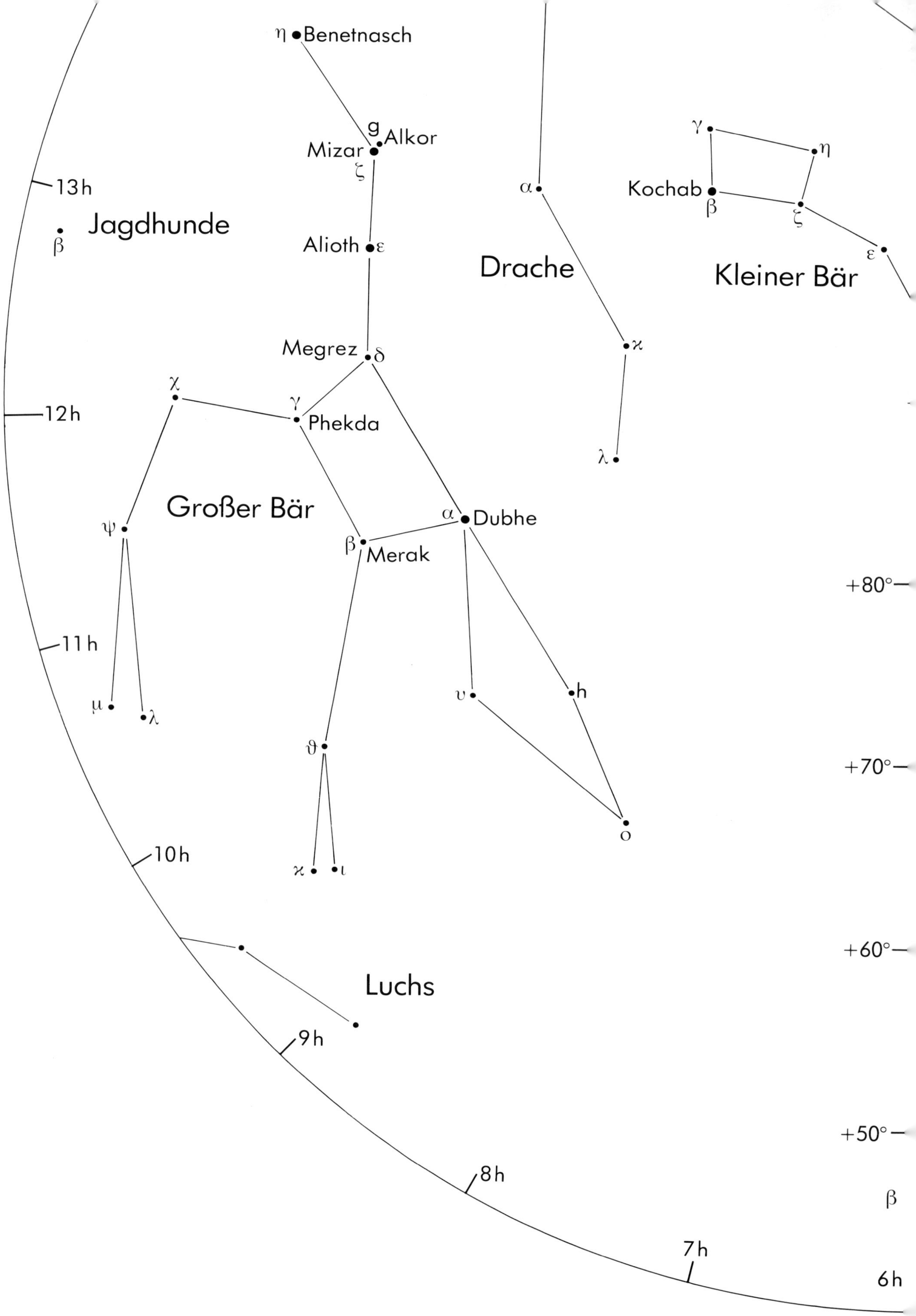

Informationskarte 1: Nördliche Kalotte

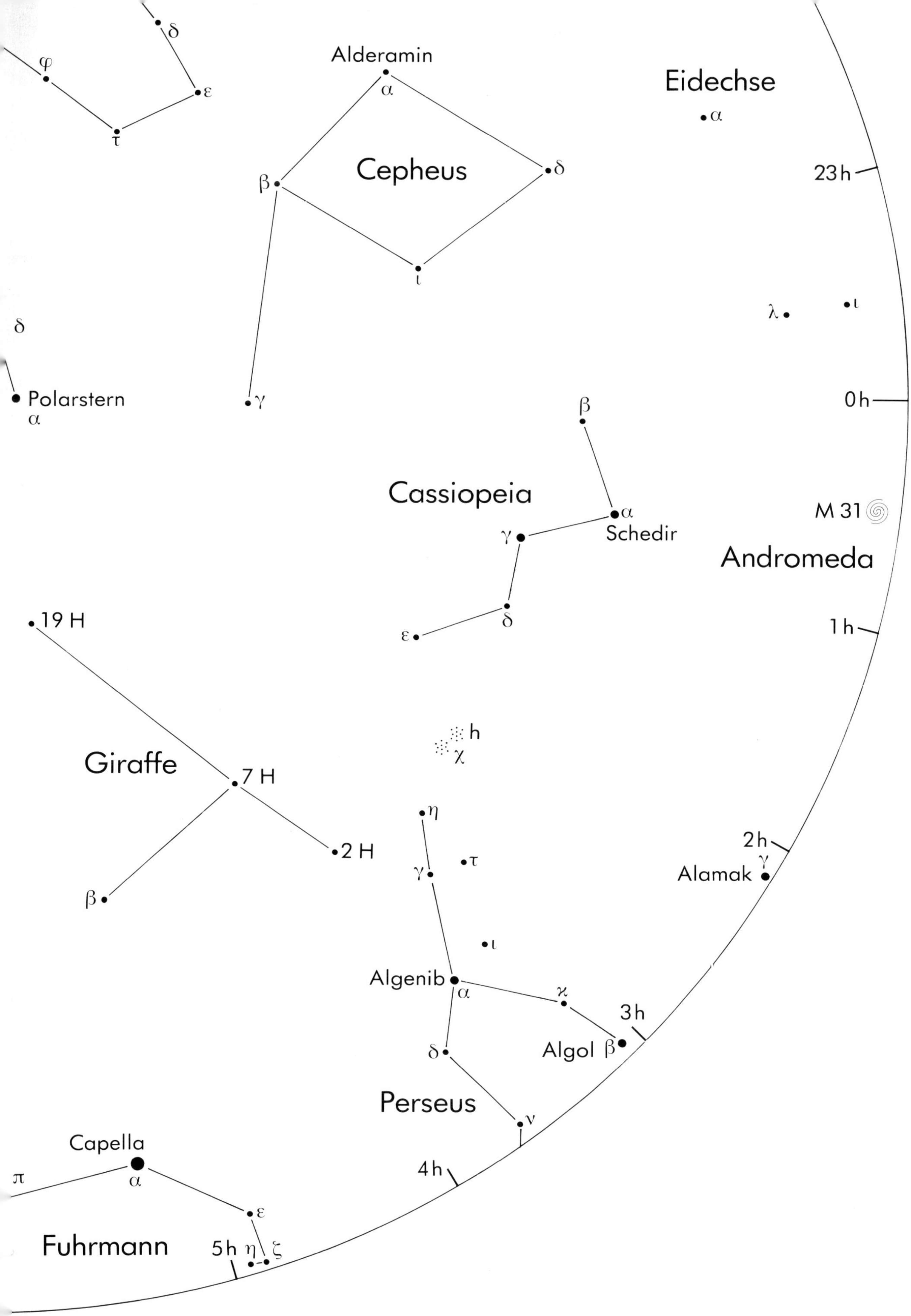

Alderamin
Eidechse
Cepheus
23h
Polarstern
0h
Cassiopeia
M 31
Schedir
Andromeda
19 H
1h
Giraffe
7 H
2 H
2h
Alamak
Algenib
3h
Algol
Perseus
Capella
4h
Fuhrmann
5h

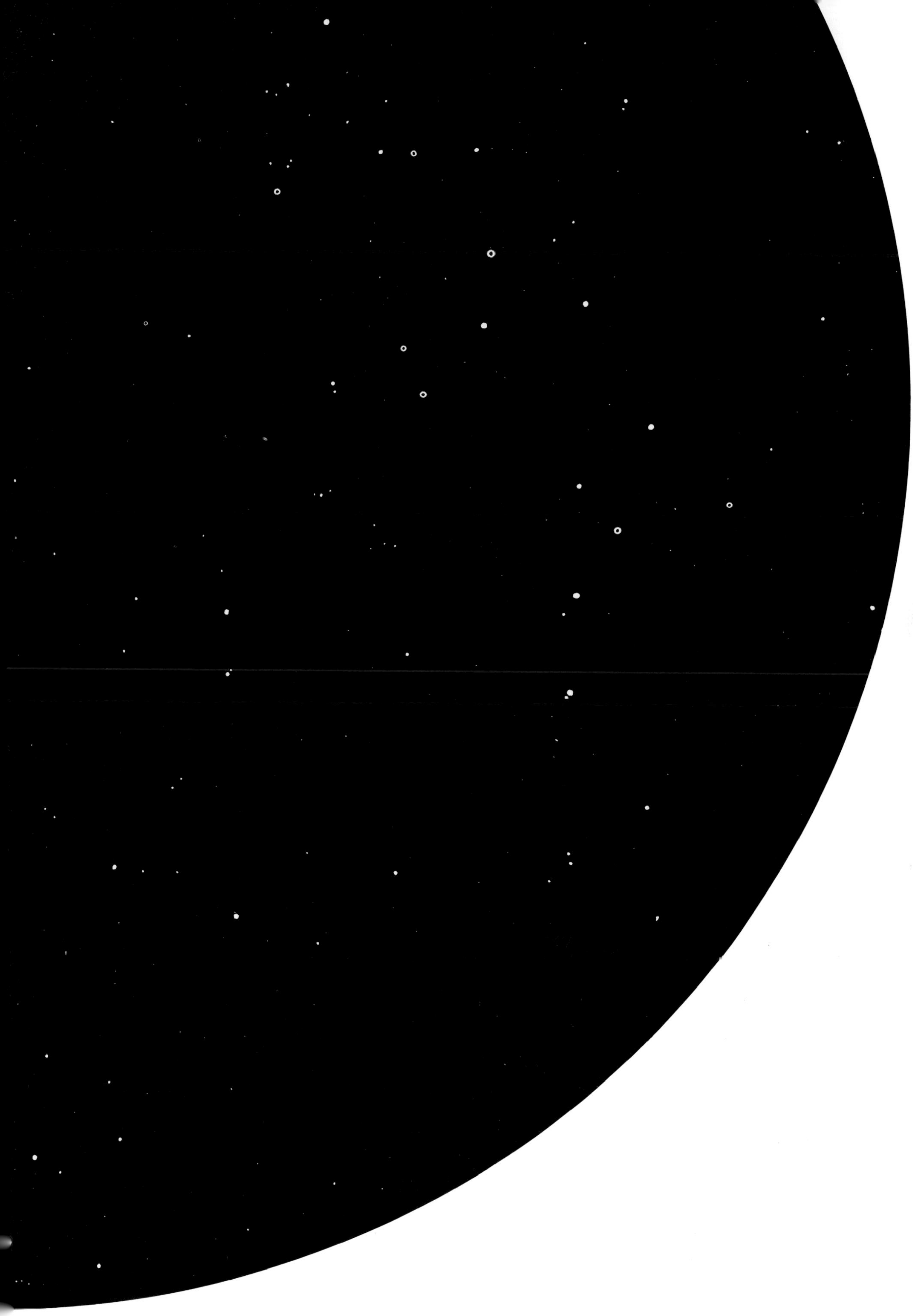

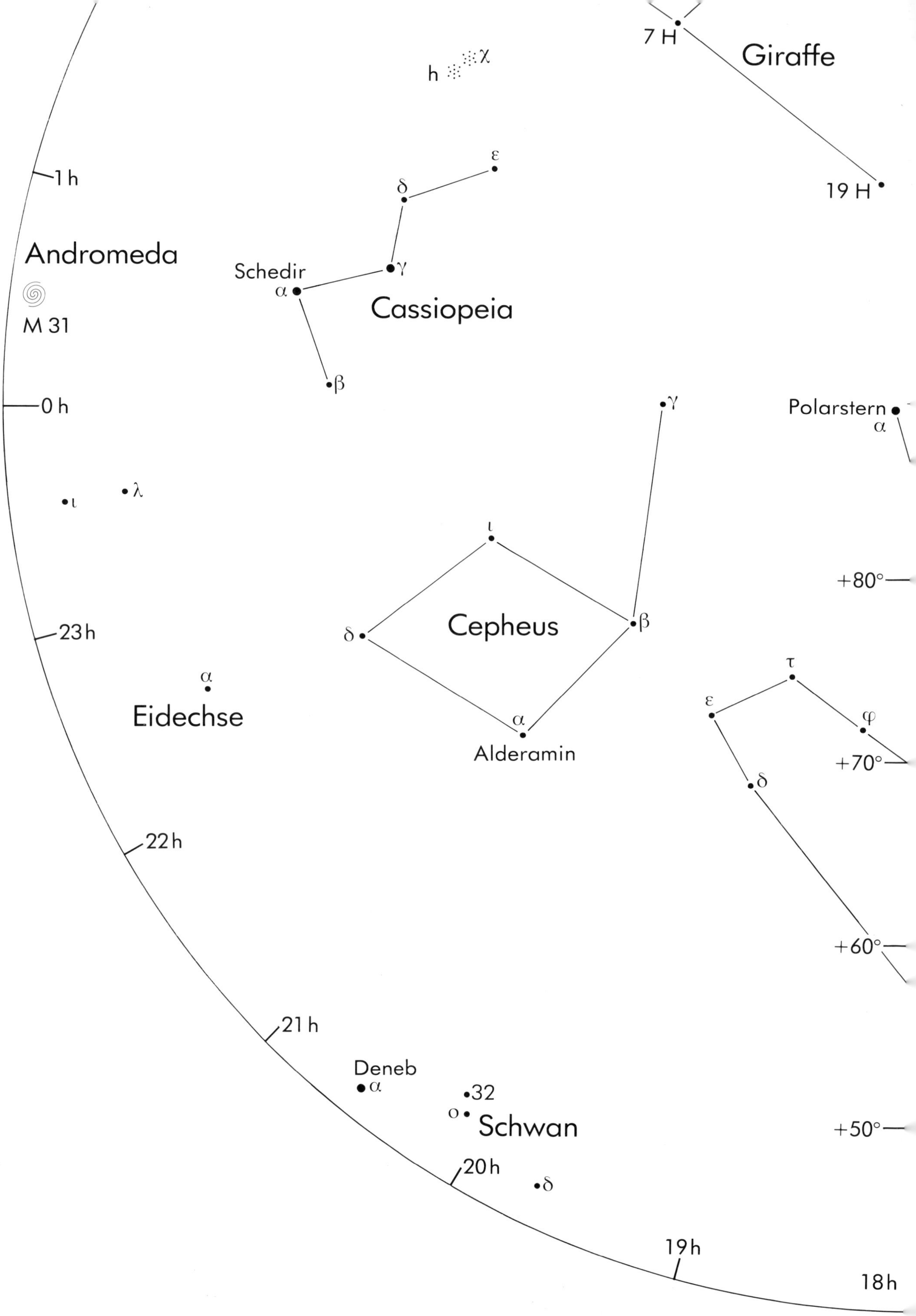

Informationskarte 2: Nördliche Kalotte

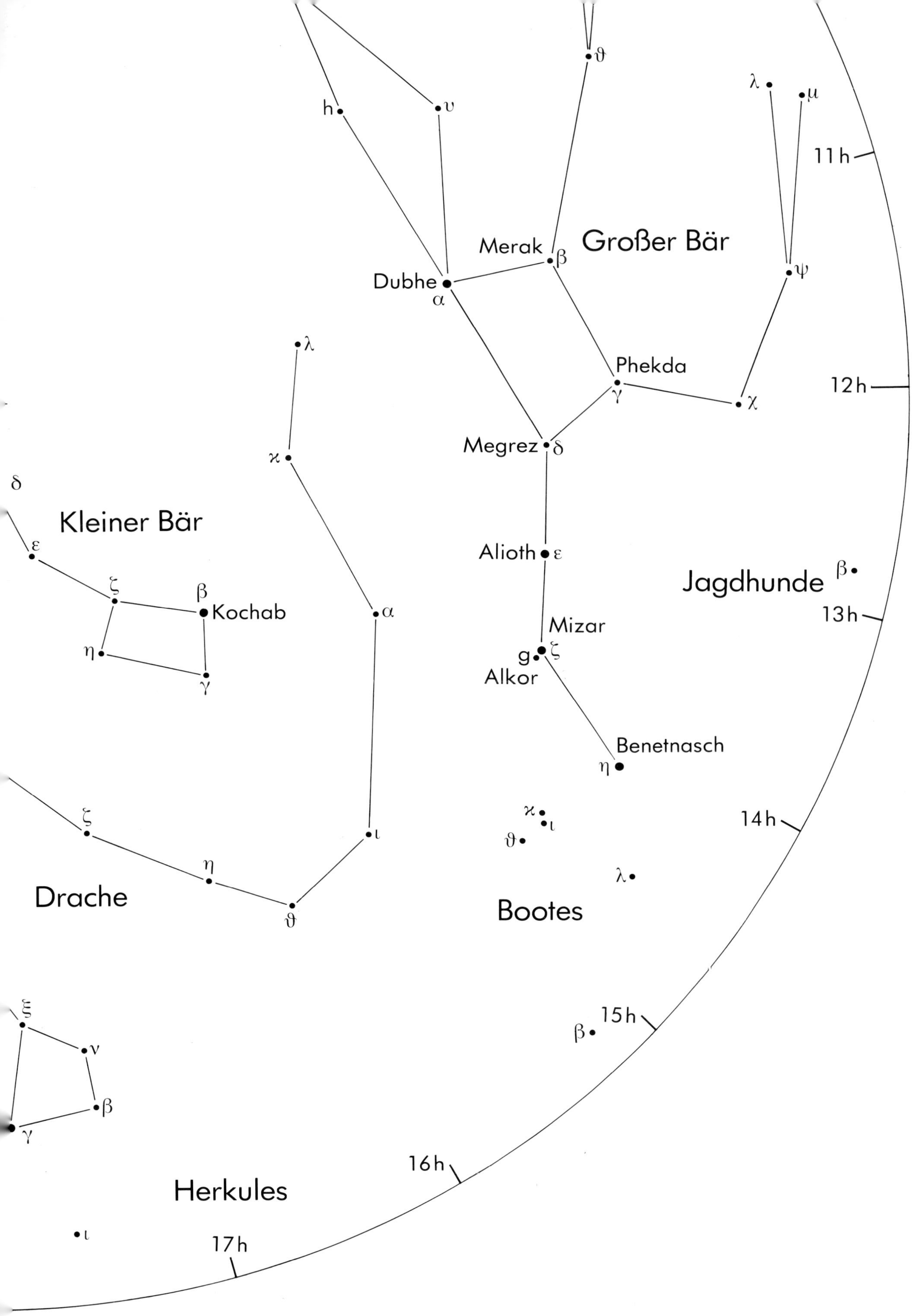

Großer Bär
Merak
Dubhe
Phekda
Megrez
Alioth
Mizar
Alkor
Benetnasch
Kleiner Bär
Kochab
Jagdhunde
Drache
Bootes
Herkules
11 h
12 h
13 h
14 h
15 h
16 h
17 h

Informationskarte 3: Winterhimmel

1. Dezember	24 Uhr
1. Januar	22 Uhr
1. Februar	20 Uhr
1. März	18 Uhr

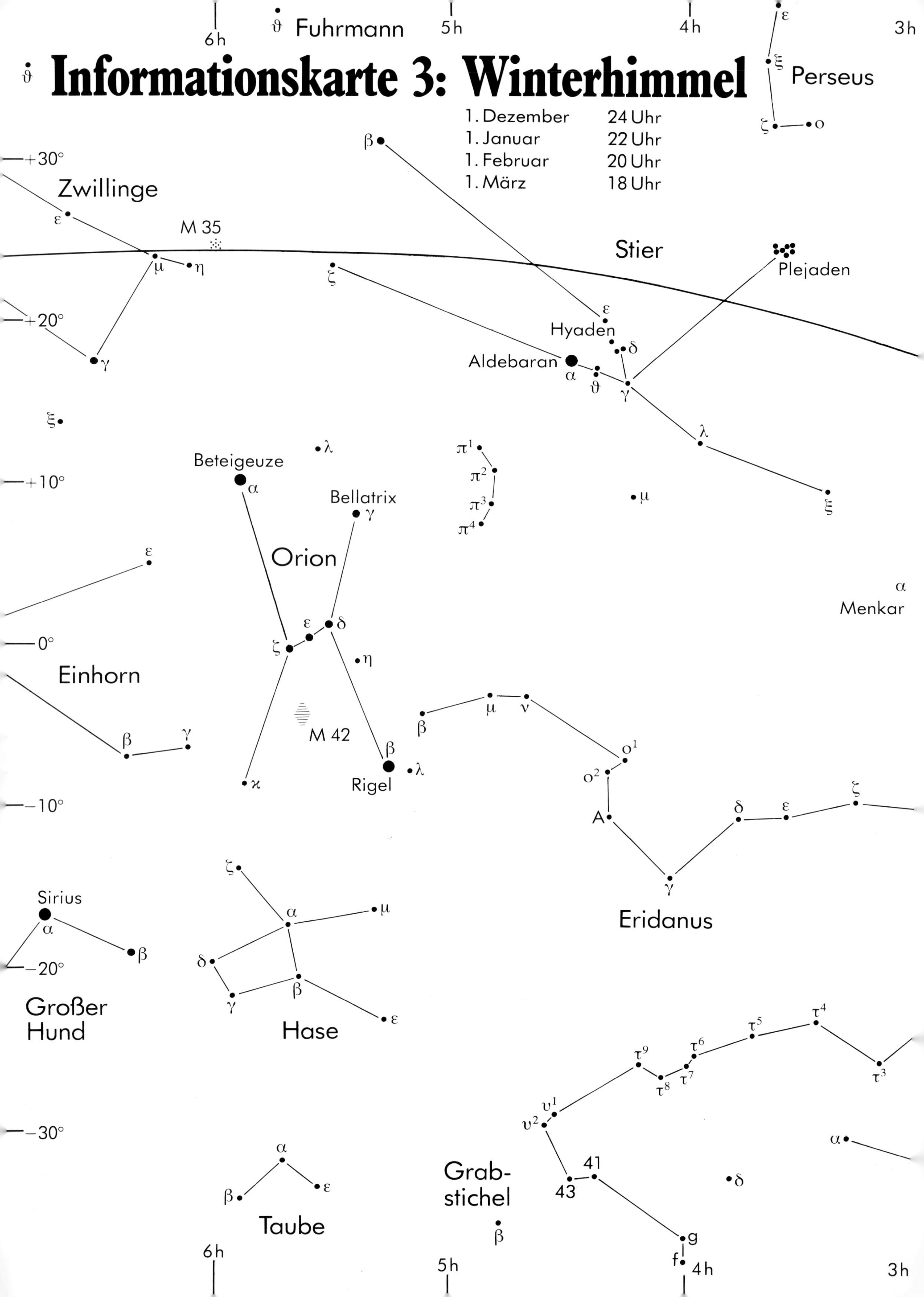

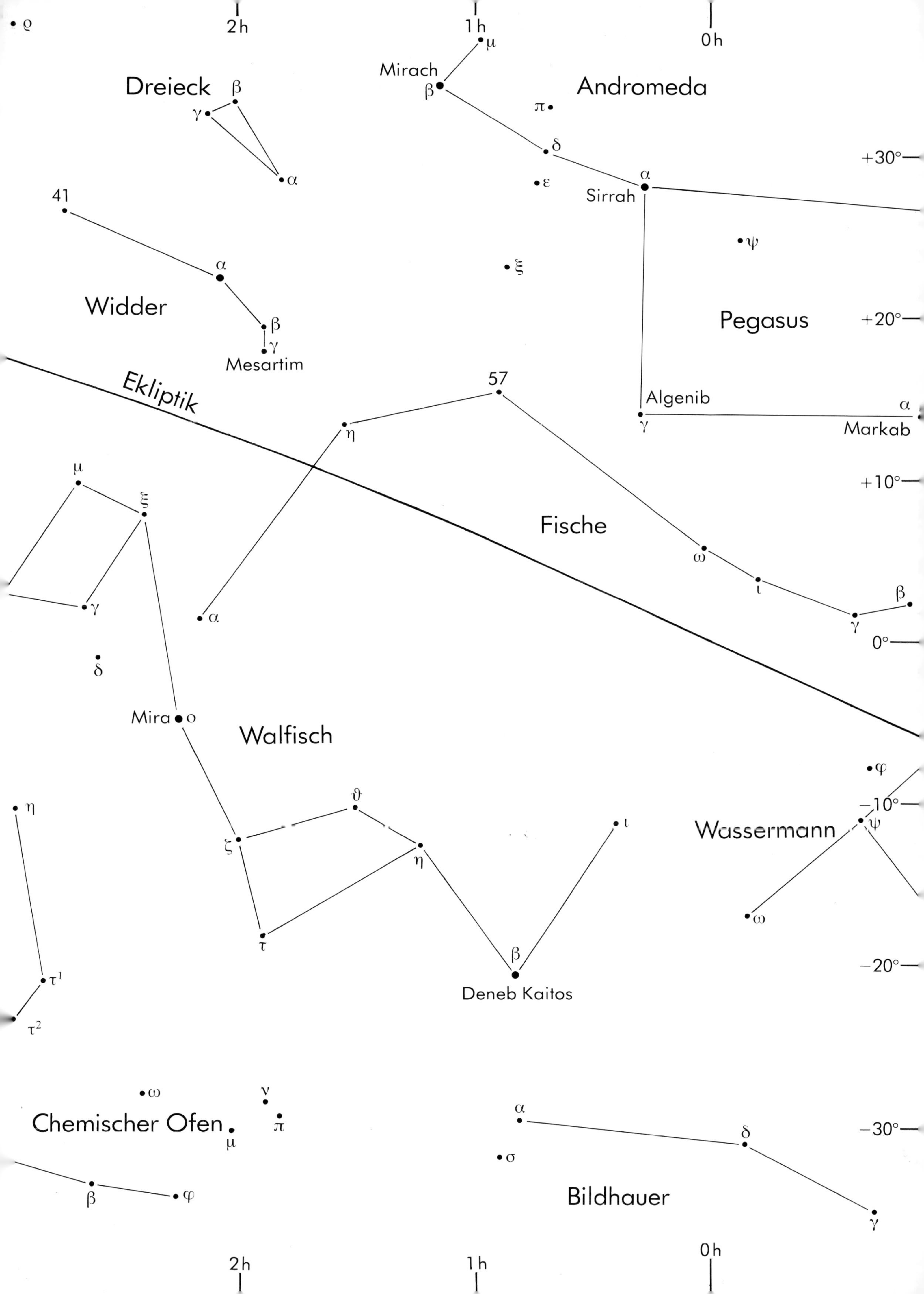
2h
1h
0h
Dreieck
Andromeda
Mirach
Sirrah
Widder
Pegasus
Mesartim
Ekliptik
Algenib
Markab
Fische
Mira
Walfisch
Wassermann
Deneb Kaitos
Chemischer Ofen
Bildhauer
+30°
+20°
+10°
0°
−10°
−20°
−30°
41
57

Informationskarte 4: Frühlingshimmel

1. März 24 Uhr
1. April 22 Uhr
1. Mai 20 Uhr

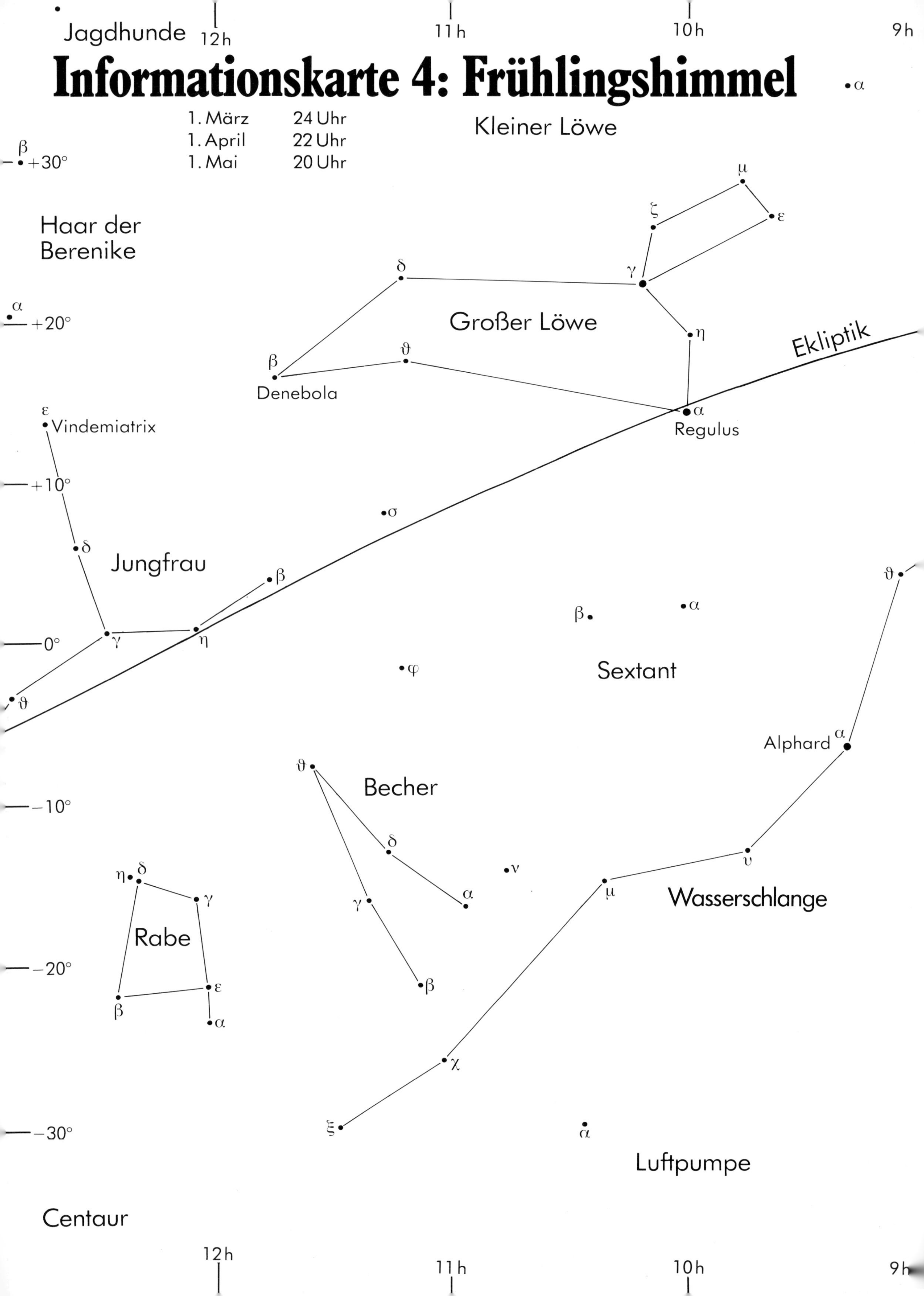

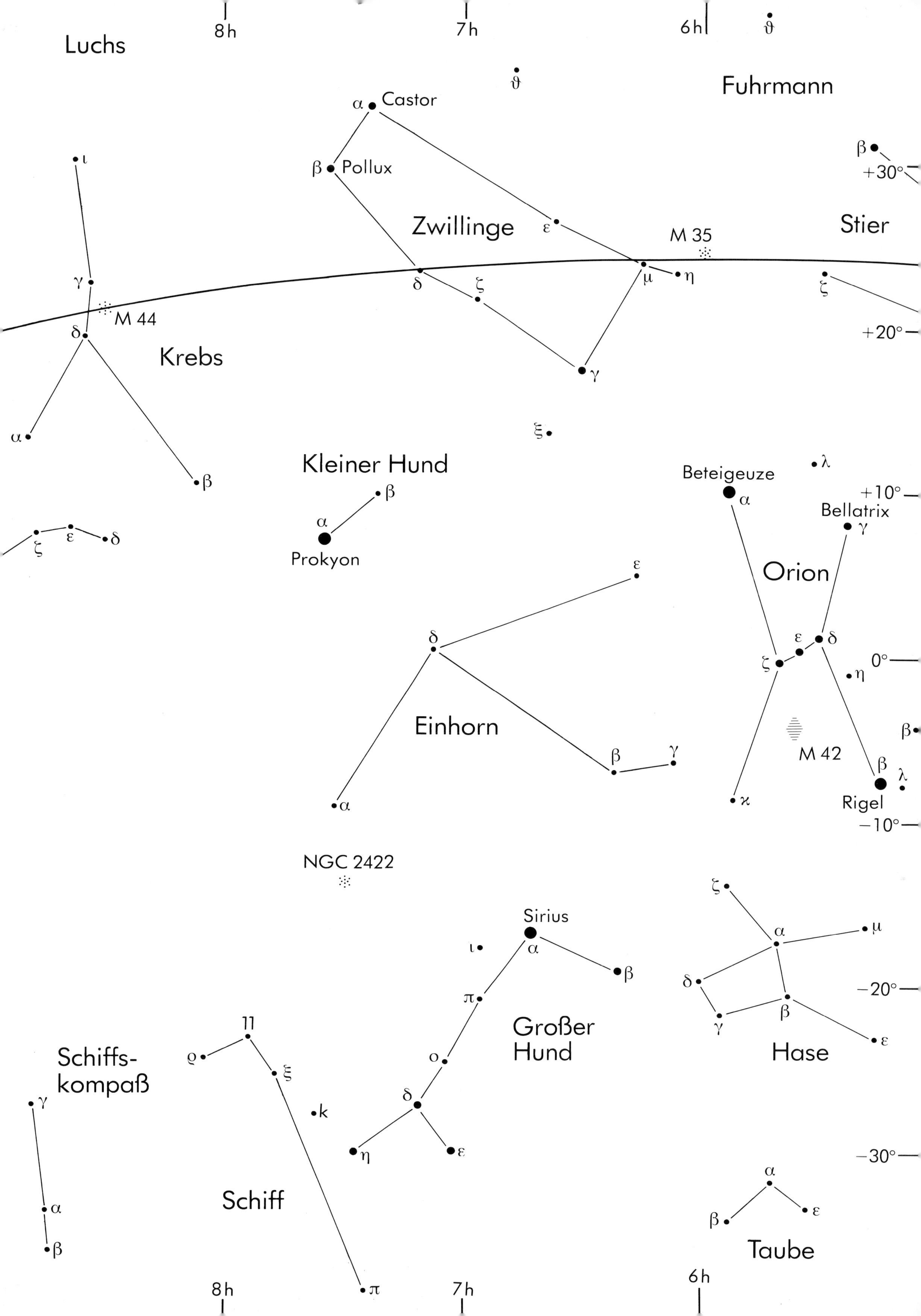
8h
7h
6h
Luchs
Fuhrmann
Castor
Pollux
Zwillinge
M 35
Stier
+30°
M 44
Krebs
+20°
Kleiner Hund
Prokyon
Beteigeuze
Bellatrix
+10°
Orion
0°
Einhorn
M 42
Rigel
−10°
NGC 2422
Sirius
Großer Hund
Hase
−20°
Schiffs-
kompaß
11
k
Schiff
−30°
Taube
8h
7h
6h

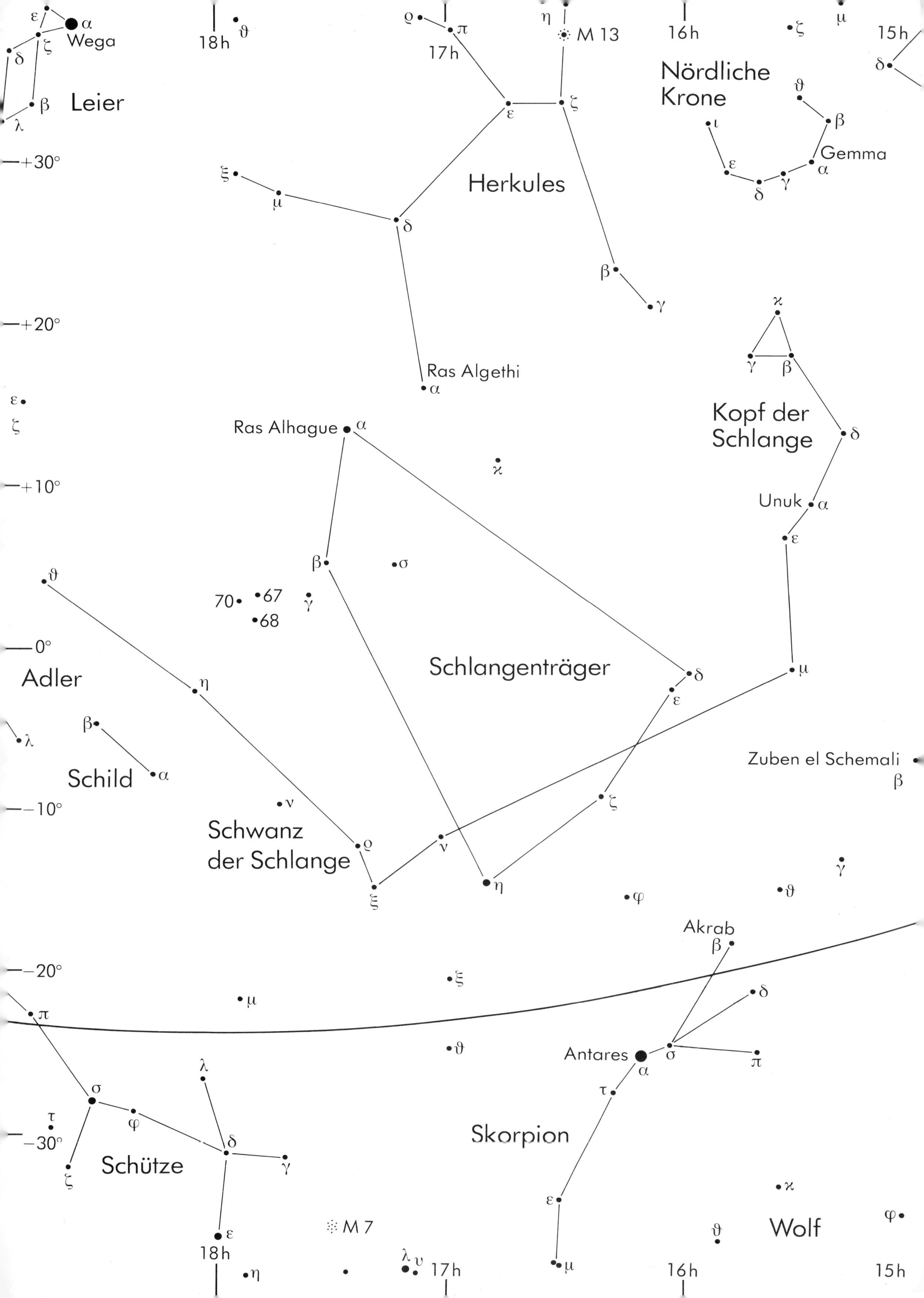
Wega
Leier
18h
17h
M 13
16h
15h
Nördliche Krone
Gemma
Herkules
+30°
+20°
Ras Algethi
Kopf der Schlange
Ras Alhague
+10°
Unuk
70
67
68
0°
Adler
Schlangenträger
Schild
Zuben el Schemali
−10°
Schwanz der Schlange
Akrab
−20°
Antares
Skorpion
−30°
Schütze
M 7
Wolf
18h
17h
16h
15h

Informationskarte 5: Sommerhimmel

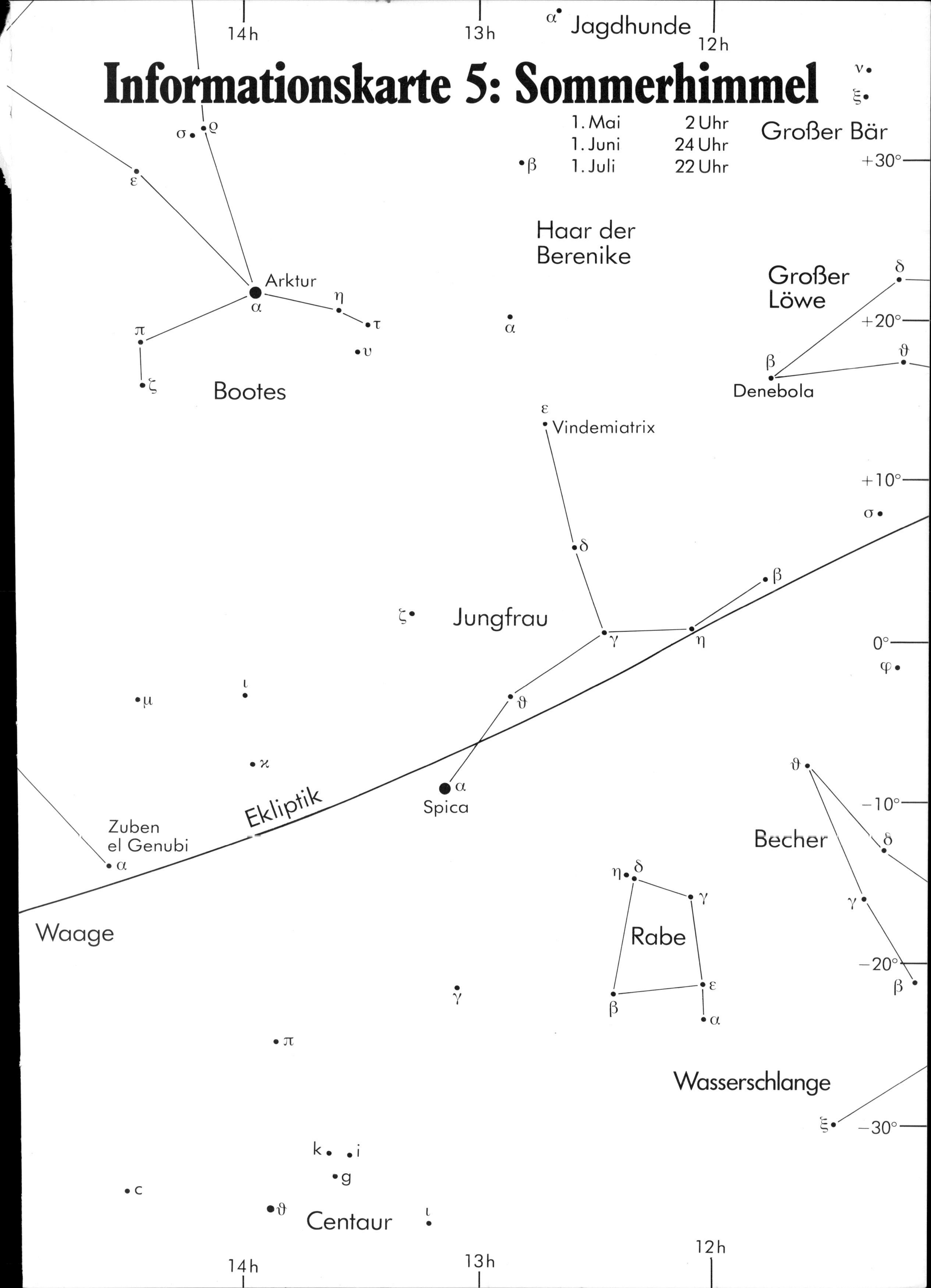

Informationskarte 6: Herbsthimmel

1. August	2 Uhr
1. September	24 Uhr
1. Oktober	22 Uhr
1. November	20 Uhr

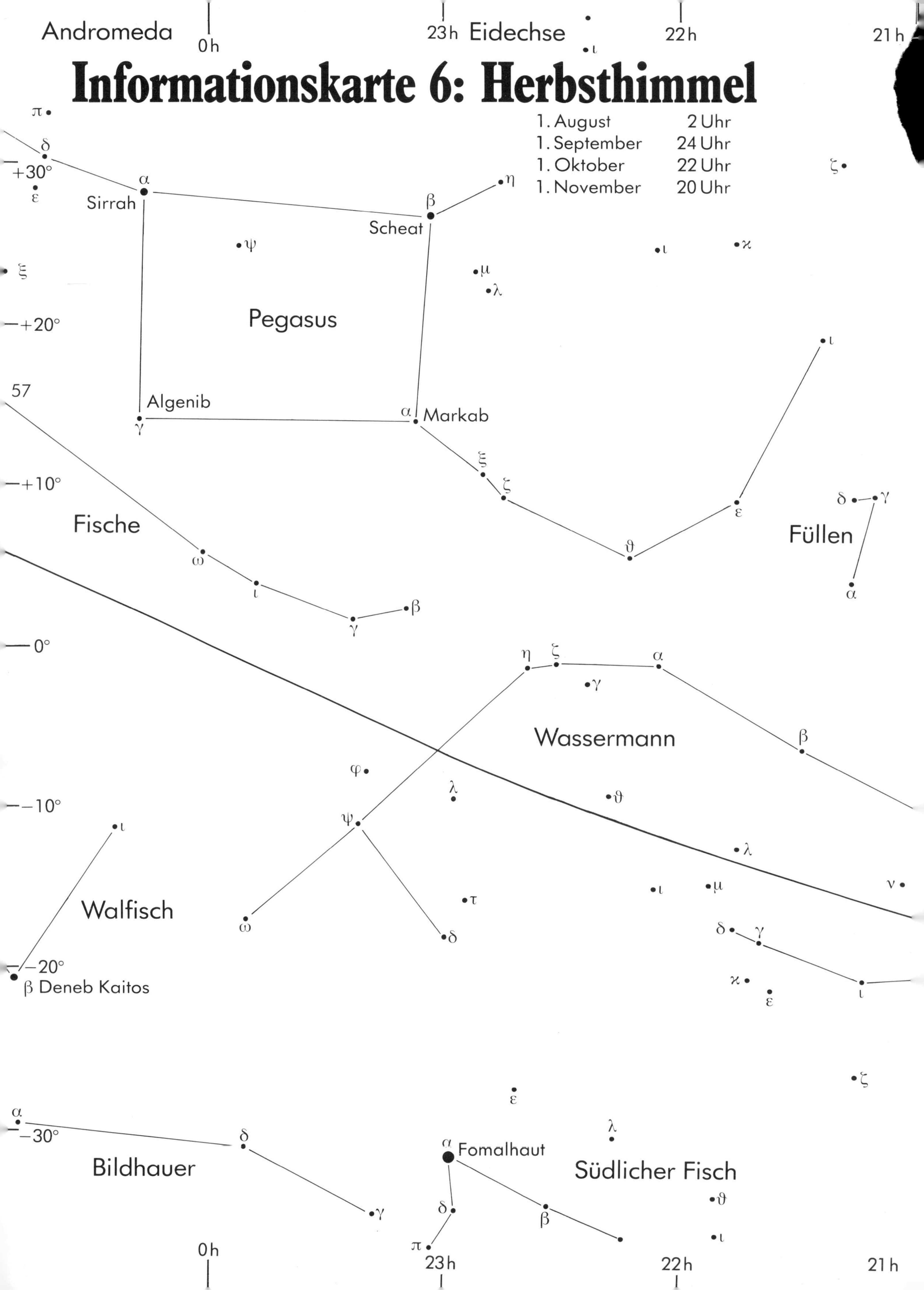

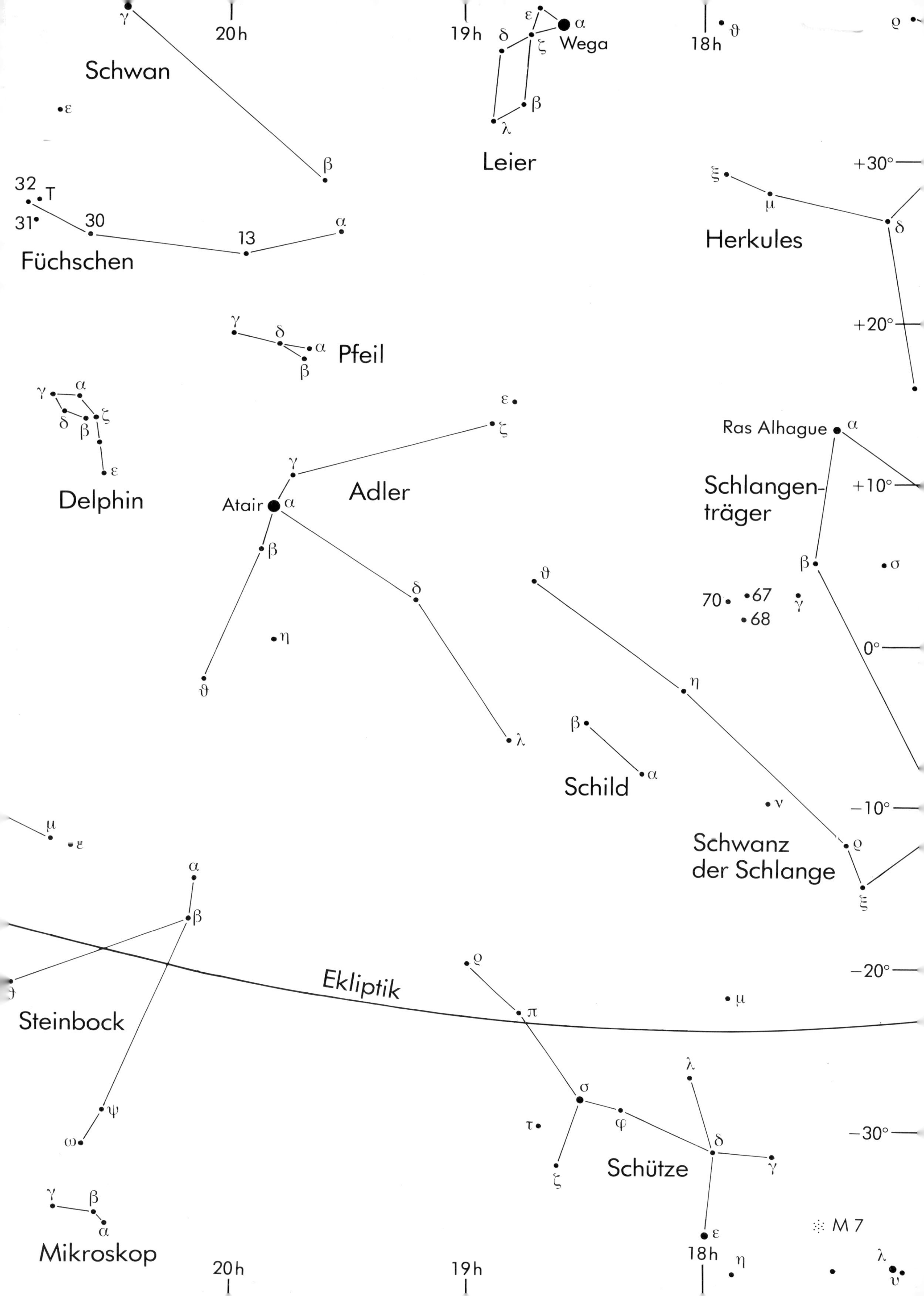
20h
19h
18h
Schwan
Leier
Wega
Füchschen
Herkules
Pfeil
Delphin
Adler
Atair
Ras Alhague
Schlangenträger
Schild
Schwanz der Schlange
Ekliptik
Steinbock
Schütze
Mikroskop
M 7
+30°
+20°
+10°
0°
−10°
−20°
−30°
20h
19h
18h

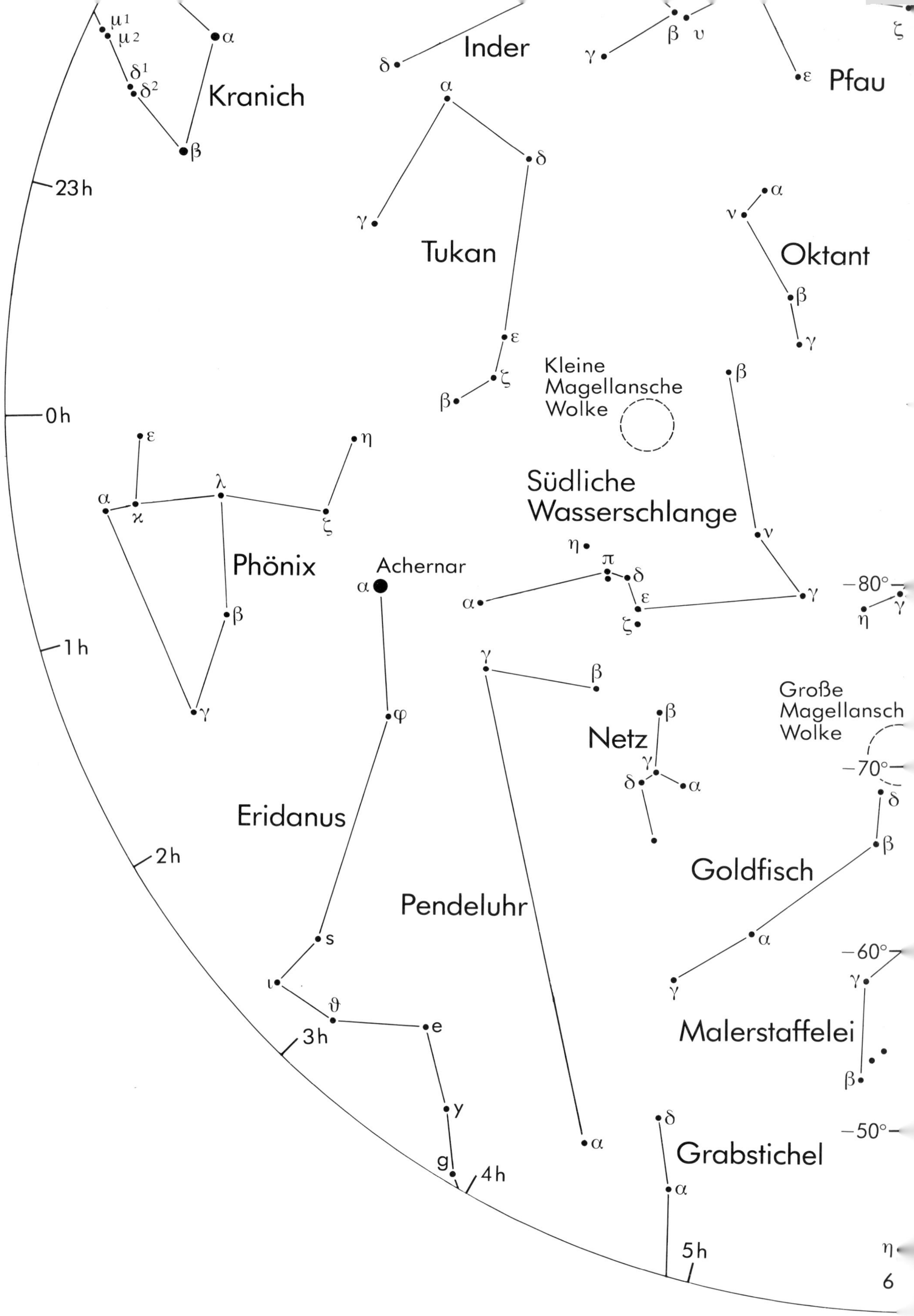

Informationskarte 7: Südliche Kalotte

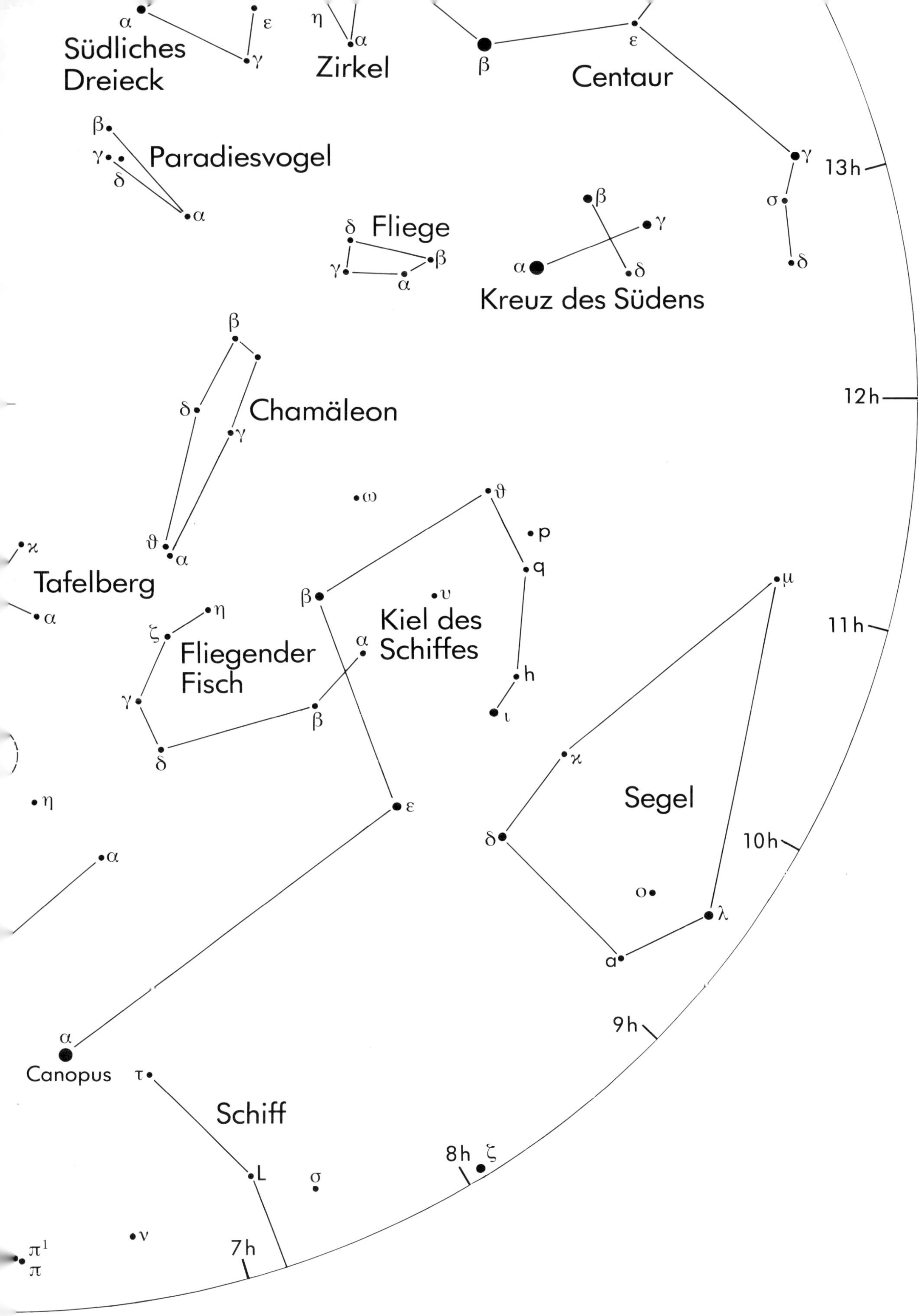
Südliches Dreieck
Zirkel
Centaur
Paradiesvogel
Fliege
Kreuz des Südens
Chamäleon
Tafelberg
Kiel des Schiffes
Fliegender Fisch
Segel
Canopus
Schiff
13h
12h
11h
10h
9h
8h
7h

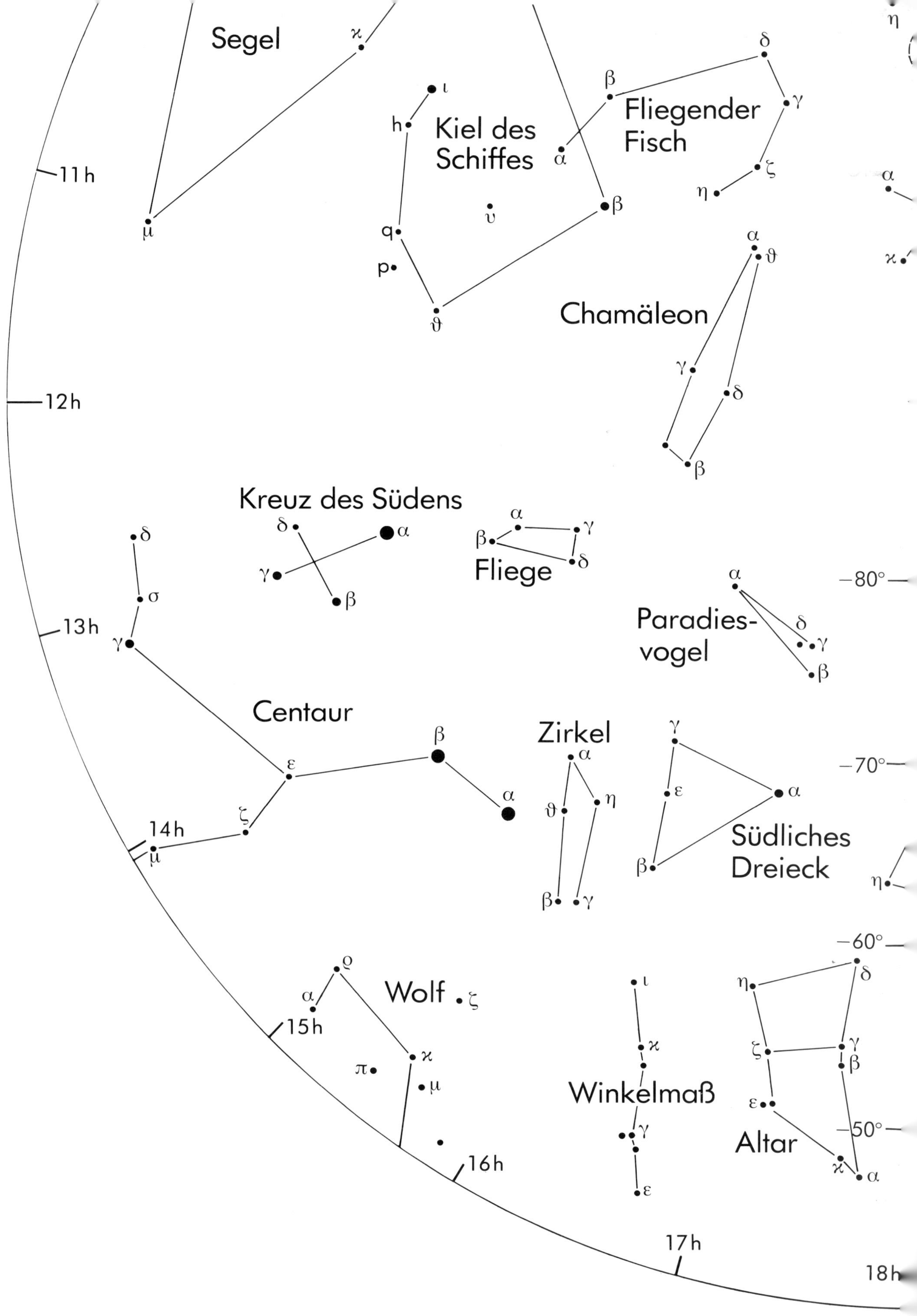

Informationskarte 8: Südliche Kalotte

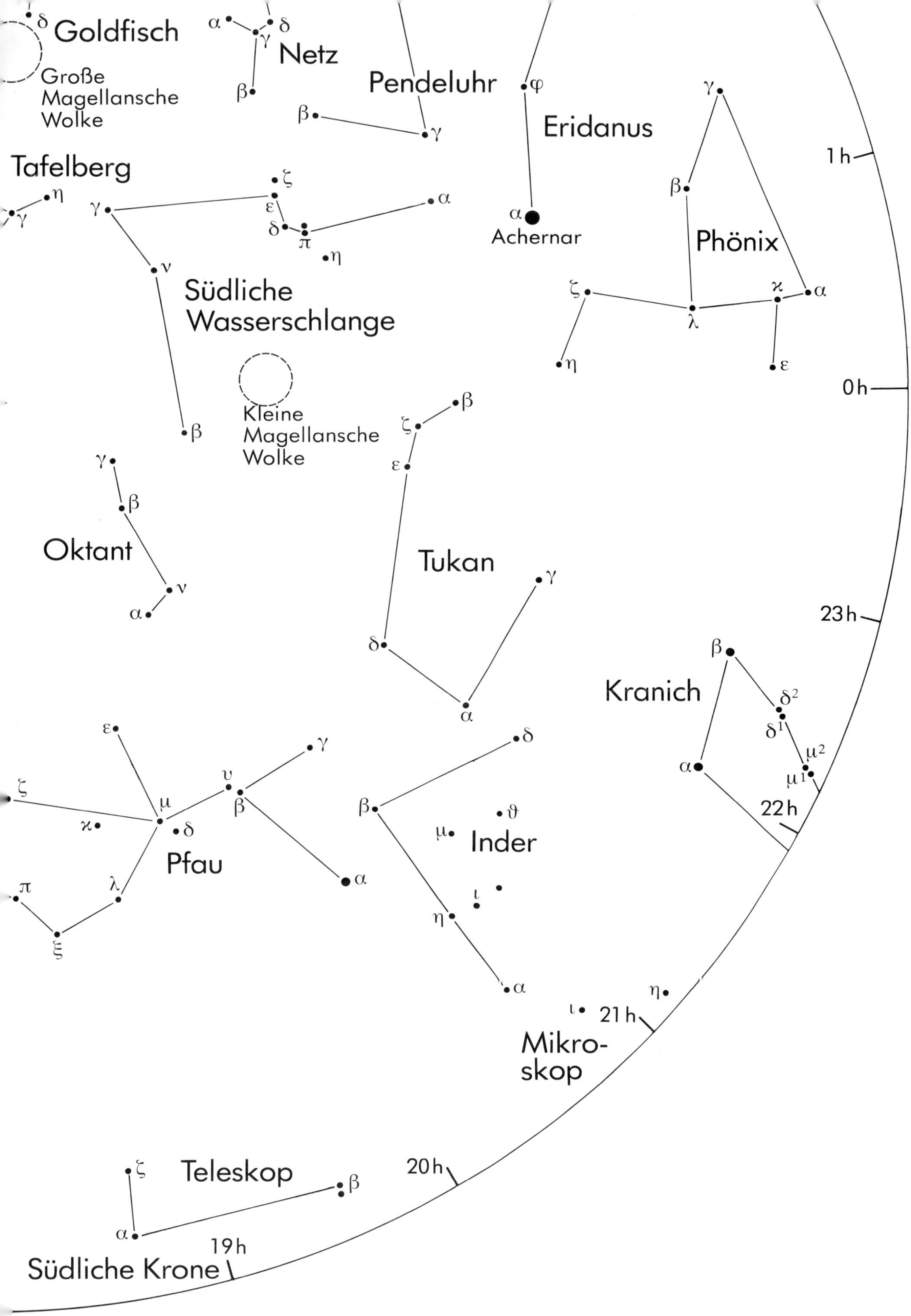
Goldfisch
Große Magellansche Wolke
Netz
Pendeluhr
Eridanus
Tafelberg
Achernar
Phönix
Südliche Wasserschlange
Kleine Magellansche Wolke
Oktant
Tukan
Kranich
Pfau
Inder
Mikro-skop
Teleskop
Südliche Krone
1 h
0 h
23 h
22 h
21 h
20 h
19 h

Der vorliegende Sternatlas war nach den Plänen des Verlegers und der Autoren ursprünglich als ein Zusatz zu einem anderen Buche gedacht mit dem Titel *Unser Sternenhimmel.* Dieses Buch – reichlich illustriert – befaßt sich mit den Sagen und Märchen, die sich seit Urzeiten um den Sternenhimmel ranken. Die Namen der Sternbilder kommen nicht von ungefähr. Praktisch alle von ihnen sind eingebunden als Figuren von klassischen Geschichten aus vielerlei Kulturkreisen, die von China bis in den Vorderen Orient, vom Mittelmeerraum bis zu den Inkas Südamerikas und den Polynesiern des Südlichen Pazifik reichen. Auch die alten Germanen im Norden Europas und die Indianer Nordamerikas haben Sternengeschichten geschaffen. Alle diese Völker sahen im Sternenhimmel ein glitzerndes Bilderbuch, mit dem sie ihre Geschichten illustrierten.

Aus Gründen des Formates – wobei der Sternatlas breite Druckflächen beanspruchte – haben wir dann den Entschluß gefaßt, die großen Sternkarten aus dem Buch herauszunehmen und als einen eigenen, nämlich den vorliegenden Band, zu veröffentlichen. Beide Bücher erscheinen zur gleichen Zeit und bilden eigentlich eine Einheit. Jeder Benutzer des Sternatlanten hat vielleicht den Wunsch, die zum Teil sehr alte Geschichte der Sternbilder und der Sternnamen kennenzulernen. Solche Wünsche werden dem Sternfreund durch die Lektüre des Buches mit dem Titel *Unser Sternenhimmel* erfüllt.

Bildnachweis: Carl Zeiss, Oberkochen (S. 10). Wolfram Knapp, Stuttgart (S. 23). Johannes Knapp, Stuttgart (S. 24).